Jürgen Rilling

**Baurechtsberater
Bauherren**

Aus dem Programm Bauwesen

VOB Gesamtkommentar
von W. Winkler und P. J. Fröhlich

Hochbaukosten – Flächen – Rauminhalte
von W. Winkler und P. J. Fröhlich

Baurechtsberater Bauunternehmer
von J. Rilling

Baurechtsberater Architekten
von J. Rilling

Baurechtsberater Bauherren
von J. Rilling

Bauaufnahme
von G. Wangerin

Baukosten senken
von E. G. Brehmer und H.-W. Beckmann

Bauentwurfslehre
von E. Neufert

Gekonnt planen – richtig bauen
von P. Neufert und L. Neff

vieweg

Jürgen Rilling

Baurechtsberater Bauherren

Gerichtsurteile, die sparen helfen

Die deutsche Bibliothek – CIP-Einheitsaufnahme

Rilling, Jürgen:
Baurechtsberater Bauherren: Gerichtsurteile, die sparen helfen/
Jürgen Rilling. – Braunschweig; Wiesbaden: Vieweg, 1998
   (Vieweg Bauwesen)

Alle Rechte vorbehalten
© Friedr. Vieweg & Sohn Verlagsgesellschaft mbH, Braunschweig/Wiesbaden, 1998
Softcover reprint of the hardcover 1st edition 1998

Der Verlag Vieweg ist ein Unternehmen der Bertelsmann Fachinformation GmbH.

Das Werk einschließlich aller seiner Teile ist urheberrechtlich geschützt. Jede Verwertung außerhalb der engen Grenzen des Urheberrechtsgesetzes ist ohne Zustimmung des Verlags unzulässig und strafbar. Das gilt insbesondere für Vervielfältigungen, Übersetzungen, Mikroverfilmungen und die Einspeicherung und Verarbeitung in elektronischen Systemen.

http://www.vieweg.de

Umschlaggestaltung: Ulrike Weigel, Wiesbaden

Gedruckt auf säurefreiem Papier

ISBN 978-3-322-87218-0   ISBN 978-3-322-87217-3 (eBook)
DOI 10.1007/978-3-322-87217-3

Vorwort

Das Buch betrifft Bauvorhaben aus dem privatrechtlichen Bereich des Hochbaus und wendet sich vor allem an Bauherren und alle, die mit der Vergabe und Ausführung von Bauvorhaben befaßt sind.

Für die Ausführung von Bauten (Hochbauten) sind eine Vielzahl von Rechtsvorschriften zu beachten, die sich auf die Ordnung der Bebauung und auf die Rechtsverhältnisse aller Beteiligten beziehen, die an der Erstellung eines Bauwerks mitwirken.

Ziel dieser Darstellung ist es, einen Überblick über wesentliche Rechtsgrundsätze aus dem Bereich des privaten Baurechts zu vermitteln.

Die Darstellung soll Orientierungshilfe für Rechtsfragen bei der Durchführung von Baumaßnahmen sein.

Durch eine neuartige Untergliederung in Form des **Such-Findsystems** wird es möglich, alle aus der Sicht des **Bauherren positiven** Entscheidungen, die durch ein (**+**) gekennzeichnet werden, sofort zu erkennen. **Negative** Entscheidungen hingegen werden durch ein (-) Symbol deutlich gekennzeichnet. Der Buchstabe „**B**" steht für eine **bauherrenrechtliche** Entscheidung.

In Verbindung mit dem Inhalts-Stichwort und Paragraphen-Register wird es somit auch dem Baulaien möglich, anstehende Fragen gezielt zu klären.

München August 1998   J. R. Rilling

INHALTSVERZEICHNIS

Kann der Unternehmer die Arbeiten bis zur Begleichung der Zwischenrechnung einstellen, wenn Abschlagszahlungen nach Baufortschritt vereinbart sind? 2

Ist eine Vereinbarung nach AGB, wonach der Warenwert gelieferter Ware nach Anlieferung, also vor Montage, bezahlt werden muß, wirksam? 4

Kann die Kaufsumme für ein Fertighaus sowie zusätzliche Lieferungen und Leistungen anteilig zu verschiedenen Zeitpunkten fällig werden? 6

Kann die Gewährleistungsfrist des §638 BGB durch die isolierte Vereinbarung der Gewährleistungsregeln der VOB/B von 5 auf 2 Jahre verkürzt werden? 8

Kann bei Dauerschuldverhältnissen eine Laufzeit von mehr als 5 Jahren vereinbart werden? 10

Kann der Fertighaushersteller einen Anspruch auf 18% der Gesamtsumme bei Nichtabruf eines Hauses in Allgemeinen Geschäftsbedingungen begründen? 12

Ist eine AGB-Klausel, wonach Leistungsverweigerungsrechte dem Erwerber nur dann zustehen sollen, wenn seine Ansprüche rechtskräftig festgestellt sind, wirksam? 14

Kann der Bauherr ihm etwa zustehende Schadensersatzansprüche gegen den Unternehmer pauschalieren? 16

Kann der Bauherr versuchen, einen Mangel selbst aufzuspüren, ohne die Aufrechnungsmöglichkeit nach §479 BGB zu verlieren? 18

Kann die gem. §479 BGB zulässige Aufrechnung mit einem verjährten Schadensersatzanspruch des Bauherrn durch AGB-Klausel ausgeschlossen werden? 20

Ist der Bauherr berechtigt, einen Dritten vor der Entziehung des Auftrages zu beauftragen, daß dieser die Arbeiten vollendet? 22

Ist der Bauherr immer an die Einhaltung der VOB/A gebunden? 24

Hat der Bieter einen Anspruch auf Kostenerstattung gegen Ausschreiber? 26

Ist der Bauherr schadenersatzpflichtig, wenn ein Bauunternehmer ein Angebot ausarbeitet, obwohl der Bauauftrag bereits vergeben ist? 28

INHALTSVERZEICHNIS

Kann der Bieter eine Vergütung verlangen, wenn er vom Besteller zur Vorlage eines spezifizierten Angebotes aufgefordert worden ist?..... 30

Ist die Bauaufsichtsbehörde schadenersatzpflichtig, weil sie für ein fehlerhaft geplantes Bauvorhaben eine rechtswidrige Baugenehmigung erteilt hat?..... 32

Kann der Bauhandwerker auch dann eine Bauhandwerkersicherungshypothek verlangen, wenn der Besteller noch nicht als Eigentümer eingetragen ist?..... 34

Besteht im Konkursfalle der Anspruch auf Übertragung der Auflassungsvormerkung?..... 36

Sind Grundstückserwerbsvertrag und Bauvertrag untrennbar miteinander verbunden?..... 38

Gilt der Festpreis auch bei Massenänderungen?..... 40

Kann der Besteller vom Werkvertrag zurücktreten, wenn die vereinbarte Herstellungsfrist überschritten wird oder wenn deren Überschreitung droht?..... 42

Kann der Bauherr vom Bauunternehmer Schadenersatz verlangen, wenn der Bauunternehmer mit der Erbringung seiner Bauleistung in Verzug ist?..... 44

Setzt ein Schadenersatzanspruch nach §6 Nr. 6 VOB/B voraus, daß die Behinderung der Arbeiten vom Auftraggeber verschuldet ist?..... 46

Hat es der Bauherr zu vertreten, wenn es zu einer Bauverzögerung kommt, weil die Vorunternehmer säumig sind?..... 48

Können anfallende Finanzierungskosten für ein Mietshaus bei Verzug des Auftragnehmers Inhalt eines Schadenersatzanspruches sein?..... 50

Kann vom Erben des Bruders Schadenersatz verlangt werden, wenn vereinbart war, daß jeder dem anderen beim Hausbau hilft und dieser stirbt?..... 52

Besteht ein vermuteter Zusammenhang, wenn an einem Grundstück Schäden auftreten und am Nachbargrundstück bei der Aushebung und Sicherung der Baugrube DIN-Normen nicht beachtet werden?..... 54

Kann der Bauherr Schadenersatz für einen mangelhaften Deckenbeton auch dann verlangen, wenn er selbst die Bauleitung übernommen hat?..... 56

Kann im Beweissicherungsverfahren Antrag auf Erscheinen des Sachverständigen im Termin mit Erfolg gestellt werden?..... 58

INHALTSVERZEICHNIS

Muß der potentielle Haftungsnachfolger ein durchgeführtes Beweissicherungsverfahren gegen sich gelten lassen?... 60

Die Kosten des Beweissicherungsverfahrens sind stark erhöht. Kann der Auftraggeber die Kosten trotzdem voll als Schadenersatz geltend machen?........ 62

Wann kann der Antragsteller eines Beweissicherungsverfahrens keinen Anspruch auf Erstattung der dort entstandenen Gerichtskosten geltend machen?.... 64

Kann der in einem Beweissicherungsverfahren angerufene Sachverständige wegen Besorgnis der Befangenheit auch noch im Hauptprozeß abgelehnt werden?.. 66

Wie ist der Streitwert eines Beweissicherungsverfahrens zu ermitteln?............. 68

Eine Bank hat eine Gewährleistungsbürgschaft übernommen. Sie ersetzt eine Sicherheitsleistung, die für ein Jahr einbehalten werden durfte. Das Jahr ist vorüber. Muß die Bank auf Verlangen zahlen?.. 70

Bankbürgschaft; muß sich die Bank verteidigen, wenn der Garantiefall ihrer Meinung nach nicht eingetreten ist?... 72

Kann eine Bürgschaft auch eine Vertragsstrafe umfassen?.............................. 74

Genügt eine Bürgschaftserklärung durch Telefax der Schriftform durch §766 Satz 1 BGB?.. 76

Kann der Auftraggeber eine Gewährleistungsbürgschaft zurückhalten, obwohl die Gewährleistungsansprüche verjährt sind?.. 78

Kann eine Gewährleistungsbürgschaft auch einen Anspruch auf Leistung eines Vorschusses für die voraussichtlichen Mängelbeseitigungskosten umfassen?... 80

Ist bei der Deckung von Firsten und Graten nach der doppelten oder nach der einfachen Menge des Firstes oder Grates abzurechnen?........................... 82

Bedeutet die Vereinbarung Schallschutz nach DIN, daß die Mindestanforderungen nach DIN 41 09 genügen?.. 84

Kann der Eigentümer eine Eigentumsverletzung geltend machen, wenn ihm durch die Verletzung keine zusätzlichen Kosten entstanden sind?.................... 86

Wie ist das Volumen eines Bauaushubs zu berechnen, wenn vereinbart ist, den Erdaushub nach Planmaß und Kubikmetern abzurechnen?....................... 88

INHALTSVERZEICHNIS

Ist der Vorunternehmer im Verhältnis zum Nachfolgeunternehmer Erfüllungsgehilfe des Auftraggebers? 90

Wann wird ein Werklohnanspruch fällig? 92

Wann wird der Werklohn fällig, wenn ein VOB-Bauvertrag vorzeitig beendigt wird? 94

Kann der Fertighaushersteller durch AGB-Klausel den individuell vereinbarten Liefertermin um bis zu 6 Wochen verschieben? 96

Ist eine AGB-Klausel wirksam, aus der der Besteller bei Vertragsschluß nicht erkennen kann, in welchem Umfang Preiserhöhungen auf ihn zukommen? 98

Kann der Bauherr Zahlungen an seine finanzierende Bank verweigern, wenn die Baufirma ihrer Leistungspflicht wegen Konkurs nicht nachkommt? 100

Ist eine AGB-Klausel wirksam, wonach 70% des Preises bei Anlieferung vor der Montage fällig werden? 102

Kann die Nichterteilung der Baugenehmigung ein Rücktrittsgrund für den Rücktritt vom Generalübernehmervertrag sein? 104

Hat der Handwerker Maßnahmen zu ergreifen, um Verschmutzungen zu vermeiden? 106

Bedarf ein Fertighausvertrag der notariellen Beurkundung, wenn das Baugrundstück erst noch erworben werden muß? 108

Hat der Unternehmer einen Schadenersatzanspruch, wenn ihm fehlerhafte Angebotsunterlagen überlassen wurden? 110

Kann ein Preisvorbehalt eine Festpreisvereinbarung verdrängen? 112

Wonach bemißt sich der materielle Kostenerstattungsanspruch des Bauherrn für Mängelbeseitigungskosten? 114

Kann die Montage von WC und Dusche an der Trennwand einer Doppelhaushälfte ein Fehler im Sinne von §459 BGB sein? 116

Wann verjähren Schäden, die ein Baubetreuer durch eine zu nahe Anpflanzung eines Ahornbaumes an einer Abwasserleitung verursacht hat? 118

Muß derjenige, der einen Gartenteich anlegt, die Fließrichtung des Oberflächenwassers auf dem Grundstück beachten? 120

INHALTSVERZEICHNIS

Muß der Estrich-Hersteller prüfen, ob der Aufbau der Balkonfläche die erforderliche Abdichtung gegen Niederschläge hat?.................... 122

Liegt ein Fehler vor, wenn ein schalldämmender Trockenestrich geschuldet wird, jedoch im Ergebnis keine Trittschalldämmung erzielt wird?.................... 124

Kann eine Werkleistung auch dann mangelhaft sein, wenn die Gebrauchstauglichkeit nicht wesentlich beeinträchtigt ist?.................... 126

Wann muß kein Werklohn bezahlt werden?.................... 128

Sind prozeßbegleitende Privatgutachten erstattungsfähig?.................... 130

Muß der Besteller die Kosten eines Privatgutachters, der im Werklohnprozeß mit dem Unternehmer für den Besteller ein Gegenaufmaß erstellt, übernehmen?.................... 132

Wann verletzt ein Malermeister die ihm obliegende Hinweis- und Aufklärungspflicht?.................... 134

Besteht eine Prüfpflicht des Unternehmers, der beauftragt ist, eine Wand mit einem Außenanstrich zu versehen?.................... 136

Kann der Geschädigte die Kosten für ein von ihm eingeholtes Privatgutachten auch dann vom Schädiger verlangen, wenn dieses Gutachten falsch ist?..... 138

Begeht ein Sachverständiger eine sittenwidrige vorsätzliche Schädigung, wenn er Angaben nach Gefühl macht?.................... 140

Hat ein Beklagter die Möglichkeit des rechtlichen Gehörs, wenn ihm erst in der mündlichen Verhandlung neues umfangreiches Prozeßmaterial vorgelegt wird, zu dem eine sofortige Äußerung nicht zumutbar ist?.................... 142

Wann ist eine Schlußzahlung vorbehaltlos angenommen?.................... 144

Wann ist eine Zahlung im bargeldlosen Zahlungsverkehr rechtzeitig?.................... 146

Muß der mit der Tragwerkplanung betraute Statiker, der sich am Entwurf der konstruktiven Verbindung nichttragender mit tragenden Teilen beteiligt, die Auswirkungen der Statik beachten?.................... 148

Besteht eine Vergütungspflicht für besondere Leistungen des Statikers, wenn eine schriftliche Vereinbarung hierüber fehlt?.................... 150

Muß der Tagelohnzettel die durchgeführten Arbeiten nachvollziehbar beschreiben?.................... 152

INHALTSVERZEICHNIS

Wann ist eine Vertragsstrafenvereinbarung durch AGB noch zulässig?............ 154

Wer hat nach der Abnahme Grund und Höhe der Werklohnforderung zu beweisen?.. 158

Kann eine Abnahme durch schlüssiges Verhalten auch dann erfolgen, wenn zahlreiche Mängel vorliegen?... 158

Kann bei wesentlichen Mängeln des hergestellten Werks die Abnahme verweigert werden?... 160

Wann ist ein Schadenersatz in Höhe von 10% des endgültigen Kaufpreises bei Kündigung durch den Auftraggeber unangemessen?............................. 162

Kann durch AGB eine Mängelrügefrist von 10 Tagen nach Erhalt eines Möbelstücks vereinbart werden?.. 164

Darf auf den Inhalt einer schriftlichen und vom Amtsleiter unterzeichneten Mitteilung der unteren Bauaufsichtsbehörde vertraut werden?..................... 166

Können Bausatzverträge widerrufen werden?... 168

Haftet der Verkäufer von Trockenmörtel seinem Abnehmer gegenüber für Schäden, die einem Dritten entstanden sind?... 170

Wer haftet gegenüber dem Bauherrn, der Bauträger oder der ausführende Handwerker?.. 172

Bedarf die nachträgliche Änderung eines Bauträgervertrages, wonach dem Unternehmer Vollmacht erteilt wird, der notariellen Beurkundung?............. 174

Kann der Bauherr den gesamten Werklohn einbehalten, wenn der Bauunternehmer ihm nicht wie vereinbart die Bescheinigung über die Holzschutzbehandlung übergibt?... 176

Ist die Einbauküche ein Bauwerk?... 178

Ist das Haustürwiderrufsgesetz (Widerrufsmöglichkeit) bei Bestellung von Baumaterialien an der Baustelle durch den Bauherrn anwendbar?............... 180

Wer trägt die Beweislast für das Vorhandensein bzw. Nichtvorhandensein von Mängeln?... 182

Kann die VOB/B durch bloßen Hinweis auf ihre Geltung wirksam in einen Fertighausvertrag einbezogen werden?... 184

INHALTSVERZEICHNIS

Was ist die Folge, wenn der Richter bei einer Werklohnklage keinen Hinweis auf einen erforderlichen Sachvortrag zur Aufwendungsersparnis nach § 649 Abs. 2 BGB gegeben hat?.. 186

Können maßgefertigte Fensterflügel und Türblätter bei deren Diebstahl der Bauwesenversicherung in Rechnung gestellt werden?................................ 188

Können Bauverträge widerrufen werden?.. 190

Was ist die Folge, wenn ein Werkvertrag mangels wirksamer Vergütungsabrede unwirksam ist?.. 192

Ist eine Finanzierungsklausel, wonach der Bauherr eine unwiderrufliche Zahlungsgarantie einer Bank spätestens 4 Wochen vor Baubeginn vorlegen muß, wirksam?.. 194

Was hat das Gericht zu beachten, wenn wegen Mangelbedenken auf Nutzungsausfall geklagt wird und nur ein verhältnismäßig kurzer Zeitraum zur Mängelbeseitigung zugestanden wird?.. 196

Kann die Wirksamkeit von Nachtragsvereinbarungen in einem Schlüsselfertig-Bauvertrag von der Schriftform abhängig gemacht werden?................ 198

Muß der Unternehmer, der auf einem unzureichend verdichteten Untergrund Platten zu verlegen hat, seine Bedenken hinsichtlich der ordnungsgemäßen Ausführung anmelden?... 200

Kann der Richter, dem ein in einem anderen Verfahren erstattetes Gutachten für die Klärung einer bestimmten Frage nicht ausreicht, einen Sachverständigen hinzuziehen und eine schriftliche oder mündliche Begutachtung anordnen?.. 202

Gehört das selbständige Beweisverfahren schon vor Anhängigkeit der Hauptsache zum Rechtszug?.. 204

Wer trägt nach der Abnahme der Werkleistung die Darlegungs- und Beweislast für den Grund und die Höhe seiner Werklohnforderung?.................... 206

Ist eine Vertretung ohne ausdrückliche Bevollmächtigung möglich?................ 208

Was ist die Folge, wenn die einem Generalübernehmer-Vertrag zugrunde liegende Planung nicht genehmigungsfähig ist?.. 210

Ist eine Vorleistungsklausel, die dem Auftraggeber Einwendungen aus Gewährleistungsansprüchen verwehrt, in AGB wirksam?.................................. 212

INHALTSVERZEICHNIS

Was ist die Folge, wenn das erstinstanzliche Gericht einen gebotenen Hinweis auf die fehlende Prüfbarkeit der Abrechnungsweise unterläßt? 214

Wer trägt nach erfolgter Abnahme die Beweislast für die Mangelhaftigkeit der Werkleistung? 216

Liegt bereits ein Fehler vor, wenn die anerkannten Regeln der Technik nicht eingehalten sind? 218

Ist eine 2,70 m lange Küchenzeile mangelhaft, wenn die dazugehörige Stellwand 3,08 m lang ist? 220

Wann verjähren Mängelansprüche bei einem Werkvertrag? 222

Inwieweit sind vorgerichtliche Privatgutachterkosten erstattungsfähig? 224

Kann der Bauherr Schadensersatz und Kündigung verlangen, wenn der Bauunternehmer innerhalb einer gesetzten Frist die Aufgabe nicht erfüllt? 226

Kann der Bieter durch eine AGB-Klausel für 8 Wochen an sein Angebot gebunden werden? 228

Ist eine AGB-Klausel des Bauherrn wirksam, wonach der Unternehmer bei Kündigung nur die Leistungen verlangen kann, die vom Bauherrn verwertet worden sind? 230

Ist die AGB-Klausel des Bauherrn wirksam, wonach notwendige Mehrarbeiten, welche in der Baubeschreibung nicht genannt sind, nicht vergütet werden? 232

Ist eine AGB des Bauherrn wirksam, wonach Mehrarbeiten nicht vergütet werden, wenn diese nicht mehr als 10% des Gesamtumfanges ausmachen? 234

Kann der Bauherr die Zuschlagsfrist aus §19 Nr. 2 VOB/A auf 36 Werktage ausdehnen? 236

Kann eine bauliche Maßnahme Vertragsbestandteil werden, die aufgrund einer behördlichen Auflage notwendig wird? 238

Kann der Bauherr die Herausgabe aller Genehmigungs- und Planungsunterlagen verlangen? 240

Ist ein Baubetreuungsvertrag nichtig, wenn der Baubetreuer zwar Vorleistungen erbringen muß, diese jedoch dann vom Besteller nicht in Anspruch genommen werden? 242

XIII

INHALTSVERZEICHNIS

Die Baugenehmigung für einen Neubau wird nicht erteilt. Wer hat den folgenden Abbruch zu verantworten?... **244**

Kann sich der Maler für die Erneuerung des äußeren und inneren Farbanstriches eines Hauses eine Bauwerksicherungshypothek eintragen lassen?........ **246**

Wann ist im einstweiligen Verfügungsverfahren auf Bewilligung einer Vormerkung zur Eintragung einer Bauwerksicherungshypothek diese glaubhaft gemacht?.. **248**

Müssen Verträge über die Grundstücksveräußerung und Bauwerkserrichtung, die mit einem Bauträger geschlossen werden, beurkundet werden?......... **250**

Haftet der Bauherr (bzw. Hauptunternehmer) gegenüber seinem Subunternehmer für das Planungsverschulden des Architekten?...................................... **252**

Kann in der Bauwesenversicherung durch allgemeine Geschäftsbedingungen der Ersatz vorhersehbarer Schäden ausgeschlossen sein?................................. **254**

Begeht der Bauunternehmer, der eine Bauwesenversicherung abschließt, eine positive Vertragsverletzung, wenn er diese ohne Feuerversicherung abschließt?... **256**

Unter welchen Voraussetzungen hat der Bauherr einen Schadenersatzanspruch wegen Amtspflichtverletzung gegen die Baugenehmigungsbehörde?.... **258**

Hat der Unternehmer einen Schadenersatz nach der VOB/B, wenn auf Bitten der Baubehörde der Bauherr einen Baustop anordnet?...................................... **260**

Sind im Rahmen eines VOB-Vertrages in Auftrag gegebene Nachtragsleistungen Behinderungen, die einen Schadenersatzsanspruch begründen?............ **262**

Wann hat der Bauherr Anspruch auf Ersatz der Mängelbeseitigungskosten?.... **264**

Wer hat zu beweisen, daß die Gründe für einen Bereicherungsanspruch wegen Überzahlung des Werklohnes vorliegen?... **266**

Unterbricht das Beweissicherungsverfahren des Unternehmers die Verjährungsfrist etwaiger Schadenersatzansprüche des Auftraggebers?...................... **268**

Auszahlungsbürgschaft oder Vorauszahlungsbürgschaft?`............................... **270**

Gibt die vertragliche Vereinbarung einer Gewährleistungsbürgschaft als Sicherheitsleistung einen Anspruch auf eine Bürgschaft auf erstes Anfordern?.... **272**

Ist eine Eigentumswohnung mangelhaft, wenn sie den Mindestanforderungen für Luft- und Trittschall genügt?... **274**

INHALTSVERZEICHNIS

Wer ist zum Schadenersatz verpflichtet, wenn der Baustellenleiter eine Pflicht des Bauträgers erfüllt und dabei einen Fehler begangen hat?................ 276

Wird der Werklohn mit der Abnahme des Werkes fällig, wenn die Höhe des Werklohnes noch nicht feststeht oder noch nicht bekannt ist?................ 278

Ist bei vorzeitiger Beendigung eines VOB-Bauvertrages eine Schlußrechnung zu stellen, um die Fälligkeit der Forderung herbeizuführen?................ 280

Muß der Unternehmer in jedem Fall die zum Nachweis von Art und Umfang seiner Leistung erforderlichen Belege seiner Schlußrechnung beifügen?........ 282

Kann in einem VOB-Bauvertrag die Fälligkeit der Vergütung der Werkleistung frei vereinbart werden?................ 284

Muß sich der Fertighaushersteller, der den Keller des Fertighauses nicht herstellt, über die Baugrundverhältnisse vergewissern?................ 286

Wie können Pläne und sonstige Formulare in einen materiellen Vertrag wirksam einbezogen werden?................ 288

Ist der eine Ausschreibung aufhebende Auftraggeber gegenüber dem zuschlagsberechtigten Bieter zum Schadenersatz verpflichtet?................ 290

Kann ein unbegründetes Schadenersatzverlangen des Bauherrn in eine Kündigung umgedeutet werden?................ 292

Kann der geschädigte Gebäudeeigentümer eine Totalerneuerung verlangen, wenn eine Reparatur lediglich mit Farbtondifferenzen möglich ist?................ 294

Hat der Bauherr auch dann noch einen Anspruch auf Ersatz der zur Mängelbeseitigung erforderlichen Kosten, wenn er das Grundstück veräußert hat?...... 296

Wann ist eine Werkleistung mangelhaft?................ 298

Erfährt ein Haus einen merkantilen Minderwert, wenn gravierende Tritt- und Luftschallübertragungsmängel ordnungsgemäß repariert worden sind?........ 300

Ist bei der Schadensberechnung ein vereinbarter Skontoabzug für den Käufer zu berücksichtigen, wenn sich der Käufer schadenersatzpflichtig gemacht hatte?................ 302

Wann verliert der Sachverständige seinen Entschädigungsanspruch?........ 304

Wem gegenüber hat der Auftraggeber die Schlußzahlungserklärung abzugeben, wenn der Auftragnehmer seine Werklohnforderung abgetreten hat?........ 306

INHALTSVERZEICHNIS

Wann ist die Erklärung eines Vorbehaltes gegen die Schlußzahlungserklärung des Bestellers noch rechtzeitig?.. 308

Hat der Bauherr eine Mitteilungspflicht über die anrechenbaren Kosten, wenn eine ordnungsgemäße Kostenfeststellung oder ein Kostenvoranschlag nach DIN 276 nicht vorliegt?.. 310

Kann der Bauherr kostenlos kündigen, wenn die Planung seines Fertighauses mangelhaft ist?.. 312

Darf ein Fertighaus ohne Grundstück gekauft werden?.. 314

Besteht ein Schadenersatzanspruch wegen Mehraufwendungen gegenüber der Bauaufsichtsbehörde, wenn diese eine Baugenehmigung erteilt, obwohl die Erschließung mangelhaft ist?.. 316

In welcher Höhe kann der Bieter Schadenersatz vom Auftraggeber verlangen, wenn dieser die Ausschreibung aufhebt?.. 318

Kann ein Bauvertrag noch nach Fertigstellung eines Bauwerks gekündigt werden, wenn noch Mängel zu beseitigen sind und das Aufräumen der Baustelle vorzunehmen ist?.. 320

Muß ein Bauherr, nachdem er sich nach Fristablauf auf Verhandlungen über die Mängelbeseitigung eingelassen hat und diese gescheitert sind, erneut eine Frist setzen?.. 322

Ist es erforderlich, daß Auftragnehmer und Auftraggeber die notwendigen Feststellungen für die Abrechnung gemäß §14 Nr. 2 Satz 1 VOB/B gemeinsam treffen?.. 324

Muß das Gericht die Einbeziehung der VOB/B in einen Bauvertrag von Amts wegen berücksichtigen, wenn es davon nur per Zufall Kenntnis erlangt hat?.. 326

Wann ist ein Widerrufsrecht nach dem Haustürwiderrufsgesetz ausgeschlossen?.. 328

Berechtigt eine ungerechtfertigte außerordentliche Kündigung zur Kündigung des anderen?.. 330

Wann liegt ein wichtiger Grund zur Kündigung außerhalb der VOB/B vor? 332

Wann können die Kosten für ein Privatgutachten ersetzt verlangt werden? 334

INHALTSVERZEICHNIS

Muß der Grundstückseigentümer das Eindringen von Ungeziefer, das den Baum eines Nachbarn befallen hat, dulden? 336

Kann der Bauherr auch dann Schadenersatz aufgrund eines Mangels verlangen, wenn er vor Fristablauf den Mangel selbst ausbessert? 338

Darf die Änderung eines vereinbarten Preises für eine bestimmte Bedarfsposition bei Unterschreitung des Mengenansatzes beschränkt werden? 340

Kann für eine nicht fällige Forderung eine Vormerkung betreffend einer Bauhandwerker-Sicherungshypothek beantragt werden? 342

Wann haftet der Geschäftsführer einer Bauträger-GmbH persönlich für die Werklohnschuld der Gesellschaft? 344

Wer hat die Fälligkeit von Abschlagszahlungen zu beweisen, wenn der Auftraggeber seinen Darlehens-Auszahlungsanspruch gegen eine Bank an den Bauträger abtritt? 346

Welche Wirkung hat es, wenn sich der Auftraggeber nach Ablauf einer gesetzten Mängelbeseitigungsfrist auf Einigungsgespräche mit dem Unternehmer einläßt? 348

Müssen die für Abrechnung notwendigen Feststellungen gemeinsam von Auftragnehmer und Auftraggeber getroffen werden? 350

Anhang

Indexverzeichnis 353

Urteilsregister zu den Fällen 377

Gesetzesregister zu den Fällen 378

ABKÜRZUNGSVERZEICHNIS

a.A.	=	anderer Ansicht
a.F.	=	alte Fassung
Abs.	=	Absatz
AbzG	=	Abzahlungsgesetz v. 16.05.1894
AG	=	Amtsgericht
AGB	=	Allgemeine Geschäftsbedingungen
AGBG	=	Gesetz zur Regelung des Rechts der Allgemeinen Geschäftsbedingungen vom 09.12.76
AHB	=	Allgemeine Versicherungsbedingungen für die Haftpflichtversicherung
AnfG	=	Gesetz zur Anfechtung von Rechtshandlungen außerhalb des Konkursverfahrens vom 20.05.1898 (RGBl. III 3 Nr. 311-5)
ArchV	=	Architektenvertrag
ARGE	=	Arbeitsgemeinschaft
Art.	=	Artikel
ARV	=	Allgemeine Technische Vorschriften für Bauleistungen
AÜG	=	Arbeitnehmerüberlassungsgesetz v. 07.08.1972 (BGBl. I, S 1393)
AVB	=	Allgemeine Versicherungsbedingungen
AZ	=	Aktenzeichen
BauGB	=	Baugesetzbuch
BauO	=	Bauordnung
BauPreisVO	=	Baupreisverordnung
BayBauO	=	Bayerische Bauordnung
BBauG	=	Bundesbaugesetz
Beschl.	=	Beschluß
BeurkG	=	Beurkundungsgesetz vom 28.08.1969 (BGBl. S 1513) mit Änderung v. 20.02.1980 (BGBl. I, S. 157)
bezgl.	=	bezüglich
BFH	=	Bundesfinanzhof

ABKÜRZUNGSVERZEICHNIS

BGB	=	Bürgerliches Gesetzbuch
BGBl.	=	Bundesgesetzblatt
BGH	=	Bundesgerichtshof
Bl.	=	Blatt
BStBl.	=	Bundessteuerblatt
BW	=	Baden-Württemberg
ca.	=	cirka
d.h.	=	das heißt
ErbbRVO	=	Verordnung über das Erbbaurecht vom 15.01.1919 (RGBl. 72, BGBl. III 4, Nr. 403-6)
f.,ff.	=	folgende
GBO	=	Grundbuchordnung v. 5.8.1935 (RGBl. I, S. 1073)
GewO	=	Gewerbeordnung
GG	=	Grundgesetz
GKG	=	Gerichtskostengesetz
GmbH	=	Gesellschaft mit beschränkter Haftung
GOA	=	Gebührenordnung für Architekten
GOI	=	Gebührenordnung für Ingenieure
GRW	=	Grundsätze und Richtlinien für Wettbewerbe auf dem Gebiete des Bauwesens und des Städtebaus von 1952
GSB	=	Gesetz über die Sicherung von Bauforderungen (GSB) vom 1.6.1909 (RGBl. I, S 490)
GWB	=	Gesetz gegen Wettbewerbsbeschränkungen
Haftpfl.G.	=	Reichshaftpflichtgesetz vom 7.6.1871
HGB	=	Handelsgesetzbuch
HOAI	=	Verordnung über die Honorare für Leistungen der Architekten und Ingenieure vom 17.9.1976 (BGBl. I, S2805)
i.V.m.	=	in Verbindung mit
KG	=	Kammergericht
KO	=	Konkursordnung

ABKÜRZUNGSVERZEICHNIS

KunstUrhG	=	Gesetz zum Urheberrecht an Werken der bildenden Künste und der Photographie (Kunsturhebergesetz) vom 9.1.1907
LBauO	=	Landesbauordnung
LBO	=	Landesbauordnung
LG	=	Landgericht
LitUrhG	=	Gesetz betreffend das Urheberrecht an Werken der Literatur und der Tonkunst vom 19.6.1901
m. w. N.	=	mit weiteren Nachweisen
MaBV	=	Makler- und Bauträgerverordnung v. 11.06.1975 (BGBl. I, S 1351)
MRVG	=	Gesetz zur Verbesserung des Mietrechts und zur Begrenzung des Mietanstiegs sowie zur Regelung von Ingenieur- und Architekten-Leistung vom 04.11.1971 (BGBl. I, 1745)
MWSt.	=	Mehrwertsteuer
n.F.	=	neue Fassung
NachbG	=	Nachbarrechtsgesetz
NachbGNW	=	Nachbarrechtsgesetz NRW vom 15.04.1969 (GVNWS, 190)
NRW	=	Nordrhein-Westfalen
NW	=	Nordrhein-Westfalen
o.a.O.	=	am angegebenen Ort
oHG	=	Offene Handelsgesellschaft
OLG	=	Oberlandesgericht
RBerG	=	Rechtsberatungsgesetz vom 13.12.1935 (RGBl. I, 1478, BGBl. III, 3 Nr. 303-12)
RG	=	Reichsgericht
RGarO	=	Reichsgaragenordnung
RVO	=	Reichsversicherungsordnung
s.	=	siehe

ABKÜRZUNGSVERZEICHNIS

Schwarz ArbG.	=	Gesetz zur Bekämpfung von Schwarzarbeit vom 30.03.1957 (BGBl. I, 315)
StGB	=	Strafgesetzbuch
StVG	=	Straßenverkehrsgesetz
StVO	=	Straßenverkehrs-Ordnung
StVZO	=	Straßenverkehrs-Zulassungs-Ordnung
UmstG	=	Umstellungsgesetz, Drittes Gesetz zur Neuordnung des Geldwesens vom 27.06.1948
UrhG	=	Gesetz über Urheberrecht und verwandte Schutzrechte (Urheberrechtsgesetz) vom 09.09.1965 (BGBl. I, 1273)
Urt.	=	Urteil
UStG	=	Umsatzsteuergesetz vom 29.05.1967 (BGBl. I, 545)
UWG	=	Gesetz gegen den unlauteren Wettbewerb vom 17.06.1909 (RGBl. 499, BGBl. III 4 Nr. 43-1)
VerglO	=	Vergleichsordnung vom 26.2.1935
VermBG	=	Drittes Gesetz zur Förderung der Vermögensbildung der Arbeitnehmer vom 27.6.1970
Vgl.	=	Vergleiche
VO	=	Verordnung
VOB/A	=	Verdingungsordnung für Bauleistungen Teil A
VOB/B	=	Verdingungsordnung für Bauleistungen Teil B
VOPRNr.66/50	=	Verordnung über die Gebühren für Architekten vom 13.10.1950
WEG	=	Gesetz über das Wohnungseigentum und das Dauerwohnrecht (Wohneigentumsgesetz) vom 15.3.1951
Ziff.	=	Ziffer
z.B.	=	zum Beispiel
ZPO	=	Zivilprozeßordnung
ZSEG	=	Gesetz über die Entschädigung von Zeugen und Sachverständigen vom 1.10.1969

Baurechtsberater Bauherren

Gerichtsurteile, die sparen helfen

Fall B 1 (+)

Kann der Unternehmer die Arbeiten bis zur Begleichung der Zwischenrechnung einstellen, wenn Abschlagszahlungen nach Baufortschritt vereinbart sind?

Schreinermeister Eder soll für Eigenheim eine Wandvertäfelung herstellen und montieren. Sie vereinbaren, daß Eigenheim in regelmäßigen Abständen nach Baufortschritt Abschlagszahlungen zu leisten hat. Als Eigenheim dem Zahlungsverlangen des Schreinermeisters Eder nicht mehr nachkommt, stellt dieser seine Arbeiten ein. Gegenüber Eigenheim meint er, er werde die Arbeiten erst fortsetzen, wenn die Zahlungen, die zweifelsfrei fällig waren, eingegangen sind. Eigenheim meint, eine Arbeitseinstellung verstoße gegen die Leistungspflicht des Unternehmers und sei deswegen nicht Rechtens.

Zu Recht?

Antwort:
Die Ansicht des Eigenheim ist nicht richtig. Durch die Vereinbarung von Abschlagszahlungen wird die Vorleistungspflicht des Unternehmers grundsätzlich nicht berührt, jedoch kann sich aus der Vereinbarung, daß der Unternehmer Ausgleich je nach erreichtem Fortschritt vor endgültiger Herstellung des Werkes verlangen kann, ergeben, daß er die Arbeiten bis zur Begleichung der jeweiligen Zwischenrechnung nicht fortsetzen muß.

Merke:
Werden im Werkvertrag Abschlagszahlungen nach Baufortschritt vereinbart, so kann der Unternehmer die Arbeiten bis zur Begleichung der jeweiligen Zwischenrechnung einstellen.

Angesprochene Rechtsquellen:

§ 636 BGB
Stichwort: Bauzeitüberschreitung - Rücktritt, Abschlagszahlungen
Urteil: BGH vom 05.05.1993 (X ZR 115/90)

Fall B 2 (+)

Ist eine Vereinbarung nach AGB, wonach der Warenwert gelieferter Ware nach Anlieferung, also vor Montage, bezahlt werden muß, wirksam?

Bauherr Emsig bestellt beim Schreiner Faulbier Fenster für seinen Rohbau. In den Allgemeinen Geschäftsbedingungen des Faulbier heißt es unter anderem, daß der Besteller den sogenannten Warenwert zu liefernder und einzubauender Fenster nach Anlieferung (also vor Montage) bezahlen muß. Nachdem Faulbier die Fenster angeliefert hat, verlangt er Bezahlung von 95% des gesamten Werklohnes. Dies würde dem Warenwert der Fenster entsprechen. Emsig dagegen verlangt von Faulbier die Montage der Fenster ohne Vorkasse. Kann Faulbier die Montage unter Berufung auf seine AGB-Klausel verweigern?

Antwort:
Faulbier kann die Montage der Fenster nicht länger verweigern, will er nicht in Schuldnerverzug geraten. Die Klausel, die Faulbier in seinen Allgemeinen Geschäftsbedingungen verwendet, ist gem. §9 AGB-Gesetz unwirksam, da eine solche Klausel den Besteller unangemessen benachteiligt. Verweigert der Werkunternehmer dagegen die Montage trotzdem, gerät er in Schuldnerverzug.

Merke:
Der Bauherr hat für den Einbau von Fenstern keine Vorkasse zu leisten. Lehnt der Werkunternehmer die Montage der Fenster ohne Vorkasse ab, gerät er in Schuldnerverzug. Das bedeutet, der Bauherr kann sich, wenn der Werkunternehmer die Montage der Fenster ohne Vorkasse ablehnt, an einen anderen Werkunternehmer wenden. Etwaige entstandene Mehrkosten können dann vom ersten Werkunternehmer als Schadensersatz verlangt werden.

Angesprochene Rechtsquellen:

§§ 326, 327, 346 BGB; § 9 AGB-Gesetz
Stichwort: AGB-Klauseln - Fensterhersteller, Vorleistungspflicht des Bestellers
Urteil: OLG Köln vom 21.01.1992 (9U 87/91).

Fall B 3 (+)

Kann die Kaufsumme für ein Fertighaus sowie zusätzliche Lieferungen und Leistungen anteilig zu verschiedenen Zeitpunkten fällig werden?

Bauherr Sparsam läßt sich vom Fertighaushersteller Baufix ein Fertighaus errichten. In den Allgemeinen Geschäftsbedingungen des Baufix heißt es: die Bausumme für das Fertighaus sowie zusätzliche Lieferungen und Leistungen wird zu 60% am 2. Aufstellungstag fällig. Weitere 30% bei Inbetriebnahme der Heizungsanlage und die restlichen 10% nach Fertigstellung der vertraglichen Leistungen vor Einzug.

2 Wochen später wird das Fertighaus geliefert. Am 2. Aufstellungstag verlangt Baufix die Bezahlung von 60% der Kaufsumme. Sollte Sparsam dem Zahlungsverlangen nicht nachkommen, würde er die Arbeiten einstellen. Sparsam fragt sich nun, ob er dem Zahlungsverlangen des Baufix nachkommen muß.

Antwort:
Sparsam muß dem Zahlungsverlangen des Baufix nicht nachkommen. Eine derartige Klausel in den Allgemeinen Geschäftsbedingungen des Baufix verstößt gegen §9 AGB-Gesetz.

Merke:
Die Kaufsumme für das Fertighaus sowie zusätzliche Lieferungen und Leistungen kann durch AGB nicht anteilig zu unterschiedlichen Zeitpunkten fällig gestellt werden.

Angesprochene Rechtsquellen:

§ 9 AGB-Gesetz
Stichwort: AGB-Klauseln - Fertighaus-Abschlagszahlungen
Urteil: BGH Urteil vom 10.10.1991 (VII ZR 289/90)

Fall B 4 (+)

Kann die Gewährleistungsfrist des §638 BGB durch die isolierte Vereinbarung der Gewährleistungsregeln der VOB/B von 5 auf 2 Jahre verkürzt werden?

Das Ehepaar Glücklich erwarb von Clever ein Einfamilienhaus mit einkommensteuerrechtlich relevanter Einliegerwohnung sowie Doppelgarage. Im Vertrag war vereinbart, daß sich die Gewährleistung nach den Bestimmungen der VOB/B richten soll. Als das Ehepaar Glücklich die Einliegerwohnung steuerlich geltend machen wollte, wurde jedoch festgestellt, daß die baulichen Voraussetzungen nicht gegeben waren. Das Ehepaar Glücklich verlangt nun von Clever Schadensersatz nebst Zinsen. Clever hingegen verweist auf den Vertrag, wo es heißt, daß die Gewährleistungsregelungen der VOB/B gelten und seit Abnahme bereits mehr als 2 Jahre vergangen sind. Kann das Ehepaar Glücklich von Clever Schadensersatz verlangen?

Antwort:
Das Ehepaar Glücklich kann von Clever Schadensersatz verlangen. Eine Vereinbarung, daß die Gewährleistungsregelungen der VOB/B gelten sollen, sind in jedem Fall als AGB-Klausel zu werten und unterfallen somit dem AGB-Gesetz. Eine vom Unternehmer gestellte Vertragsbedingung, in der lediglich auf §13 VOB/B verwiesen wird, verstößt jedoch gegen §11 Nr. 10f AGB-Gesetz und ist damit unwirksam. Deshalb beträgt die Gewährleistungsfrist hier nicht 2, sondern gemäß §638 BGB 5 Jahre. Damit sind die Schadensersatzansprüche des Ehepaares Glücklich noch nicht verjährt. Da dem erworbenen Haus eine zugesicherte Eigenschaft fehlt, nämlich die einkommenssteuerrechtlich relevante Einliegerwohnung, ist der Schadensersatzanspruch des Ehepaares Glücklich gegen Clever begründet.

Merke:

Eine Vereinbarung, wonach die Gewährleistungsregelungen der VOB/B gelten sollen, gilt auch dann als allgemeine Geschäftsbedingung, wenn diese Bestimmung individuell ausgehandelt worden ist, verstößt in jedem Fall gegen §11 Nr. 10f des AGB-Gesetztes und ist somit unwirksam. Ebenfalls unwirksam ist sie dann, wenn sie nur für einen Teil der Bauleistungen gelten soll.

Angesprochene Rechtsquellen:

---

§ 13 VOB/B; § 638 BGB; §§ 11 Nr. 10f, 23 AGB-Gesetz
Stichwort: AGB-Klauseln - Gewährleistung nach VOB/B
Urteil: BGH vom 07.05.1987 (VII ZR 129/86)
Urteil: BGH vom 29.09.1988 (VII ZR 186/87)

Fall B 5 (+)

Kann bei Dauerschuldverhältnissen eine Laufzeit von mehr als 5 Jahren vereinbart werden?

Max Fröhlich möchte die Zeitschrift „Tolles Wohnen" abonnieren. In dem Werbungsgespräch wird er kurz auf die Allemeinen Geschäftsbedingungen hingewiesen; eine weitere Aufklärung erfolgt jedoch nicht. In diesen Allgemeinen Geschäftsbedingungen heißt es u. a., daß der Kunde versichert, er sei Vollkaufmann.
Zum anderen heißt es dort, daß eine Kündigung vor dem Ablauf von 5 Jahren ausgeschlossen ist. Nach 2 Monaten bekommt er die erste Ausgabe zugesandt, mit der er zufrieden ist. Nach einem halben Jahr verliert Max Fröhlich das Interesse an dieser Zeitschrift und möchte kündigen. Vom Herausgeber der Zeitschrift wird ihm gesagt, daß eine Kündigung laut Allgemeinen Geschäftsbedingungen frühestens nach 5 Jahren möglich ist. Daraufhin wendet sich Max Fröhlich an den ihm bekannten Anwalt Wolfgang Friedlich und will wissen, ob er sich von diesem Vertrag lösen kann.

Antwort:
Max Fröhlich kann sich vom Vertrag lösen. Grundsätzlich sind Klauseln, wonach eine Kündigung erst nach 5 Jahren möglich sein soll, wegen eines Verstoßes gegen §11 Nr. 12a AGB-Gesetz unwirksam. Vorliegend hat Max Fröhlich durch die Allgemeinen Geschäftsbedingungen versichert, er sei Vollkaufmann. Zwischen dem Vollkaufmann gilt §11 des AGB-Gesetzes nicht. Vorliegend geht diese Versicherung auf eine AGB-Bestimmung zurück. Diese Klausel ist vorliegend unwirksam, da auf sie beim Werbungsgespräch nicht ausdrücklich hingewiesen worden ist und sie somit als überraschende Klausel im Sinne des §3 AGB-Gesetzes gelten muß. Somit kann auch die Kündigungsklausel auf §11 Nr. 12a AGB-Gesetz hin überprüft werden. Max Fröhlich kann den Vertrag jetzt kündigen.

Merke:
Eine Klausel, wonach der Vertragspartner versichert, Vollkaufmann zu sein, gilt dann als eine überraschende Klausel im Sinne des §3 AGB-Gesetzes, wenn er nicht ausdrücklich auf diese hingewiesen worden ist. In diesem Fall ist sie unwirksam. Eine Klausel, wonach eine Kündigung eines Dauerschuldverhältnisses frühestens nach 5 Jahren Laufzeit möglich sein soll, verstößt gegen §11 Nr. 12a AGB-Gesetz und ist damit im ganzen unwirksam.

Angesprochene Rechtsquellen:

§§ 3, 11 Nr. 12 a AGB-Gesetz
Stichwort: AGB-Klauseln - Kündigungsausschluß
Urteil: BGH Urteil vom 17.05.1982 (VII ZR 316/81)

Fall B 6 (+)

Kann der Fertighaushersteller einen Anspruch auf 18% der Gesamtsumme bei Nichtabruf eines Hauses in Allgemeinen Geschäftsbedingungen begründen?

Glücklich bestellt beim Fertighaushersteller Baufix ein Fertighaus. In den Allgemeinen Geschäftsbedingungen des Fertighausherstellers heißt es u. a,. daß bei Kündigung des Bestellers vor Abruf des Hauses der Fertighaushersteller Anspruch auf mindestens 18% der Gesamtvergütung hat. Einige Tage nach Abschluß des Vertrages kommen dem Glücklich jedoch erhebliche Bedenken bezüglich seiner Zahlungsfähigkeit und somit kündigt er den Vertrag mit dem Fertighaushersteller. Dieser verlangt nun 18% der Gesamtvergütung unter Hinweis auf seine Allgemeinen Geschäftsbedingungen. Glücklich kann jedoch nachweisen, daß die gemachten Aufwendungen des Fertighausherstellers tatsächlich geringer waren als die vereinbarte Pauschale. Glücklich ist bereit, die tatsächlich gemachten Aufwendungen, nicht jedoch 18% der Gesamtvergütung zu zahlen. Muß Glücklich die von dem Fertighaushersteller geforderten 18% der Gesamtvergütung bezahlen?

Antwort:
Glücklich muß diese Pauschale von 18% der Gesamtvergütung nicht bezahlen. Eine solche Pauschale verstößt gegen §11 Nr. 5 b AGB-Gesetz und ist daher unwirksam. Durch eine solche Klausel wird dem Besteller der Nachweis abgeschnitten, daß die erbrachten Leistungen und die gemachten Aufwendungen des Fertighausherstellers tatsächlich geringer waren als die vereinbarte Pauschale. Dies ist unbillig und deshalb ist diese Klausel unwirksam. Das gilt zumindest für eine Pauschale von 18%. Bei einer Pauschale von 5% könnte die Wirksamkeit noch bejaht werden. Somit ist die Klausel des Fertighausherstellers Baufix unwirksam.

Merke:
Der Unternehmer kann in seinen Allgemeinen Geschäftsbedingungen eine Klausel einfügen, wonach bei Kündigung durch den Besteller vor Abruf der Leistung 5% der Gesamtvergütung fällig werden. Eine Pauschale von 18% dagegen ist unangemessen und damit unwirksam.

Angesprochene Rechtsquellen:

§ 649 BGB; §§ 10 Nr. 7, 11 Nr. 5 AGB-Gesetz
Stichwort: AGB-Klauseln - Kündigungsfolgen Fertighaushersteller
Urteil: BGH Urteil vom 08.11.1984 (VII ZR 256/83)

Fall B 7 (+)

Ist eine AGB-Klausel, wonach Leistungsverweigerungsrechte dem Erwerber nur dann zustehen sollen, wenn seine Ansprüche rechtskräftig festgestellt sind, wirksam?

Glücklich hat von Clever eine solche Appartmentwohnung zu den obengenannten Bedingungen gekauft. In der Folge muß er feststellen, daß die Wohnung an gewissen Mängeln leidet. Glücklich will deshalb den Kaufpreis mindern. Da er den Kaufpreis bereits bezahlt hat, verlangt er von Clever Herausgabe des zuviel bezahlten Betrages. Clever verweist auf seine AGB-Bestimmung, wonach Glücklich seinen Anspruch zunächst gerichtlich feststellen lassen müßte. Glücklich verlangt die Herausgabe des zuviel bezahlten Betrages.

Zu Recht?

Antwort:
Clever muß Glücklich den zuviel bezahlten Betrag herausgeben. Er kann sich insbesondere nicht auf seine AGB-Klausel berufen, da diese unwirksam ist. Diese Klausel benachteiligt Glücklich unangemessen und ist somit gemäß §11 Nr. 2a AGB-Gesetz unwirksam.

Merke:
Der Bauträger kann die Leistungsverweigerungsrechte des Erwerbers durch Allgemeine Geschäftsbedingungen nicht auf anerkannte und rechtskräftig festgestellte Forderungen beschränken.

Angesprochene Rechtsquellen:

§ 320 BGB; § 11 Nr. 2 a AGB-Gesetz
Stichwort: AGB-Klauseln - Leistungsverweigerungsrecht
Urteil: BGH Urteil vom 14.05.1992 (VII ZR 204/90)

Fall B 8 (+)

Kann der Bauherr ihm etwa zustehende Schadensersatzansprüche gegen den Unternehmer pauschalieren?

Glücklich hat bei der Schreinerei Klarsicht neue Fenster für sein Haus bestellt. Es wurde vereinbart, daß diese bis zum 31.10. geliefert und eingebaut werden müssen. Die allgemeinen Geschäftsbedingungen des Glücklich enthalten eine Klausel, wonach der Unternehmer bei Nichteinhaltung der Frist eine Entschädigung von 30% zu entrichten hat. Einige Tage vor dem vereinbarten Termin beginnt Glücklich, die alten Fenster herauszureißen. Da in dieser Zeit das Haus unbewohnbar ist, zieht er zu einem guten Bekannten. Die Fenster werden am 31.10 nicht geliefert. Die Lieferung verzögert sich um 3 Wochen. Als Glücklich die Rechnung erhält, erklärt er gegenüber der Schreinerei unter Hinweis auf seine AGB-Bestimmung, daß er den Rechnungsbetrag um 30% kürzen wird. Die Schreinerei Klarsicht nun nicht, wie sie des weiteren verfahren soll und wendet sich an einen bekannten Anwalt.

Was wird der Anwalt der Schreinerei Klarsicht sagen?

Antwort:
Die von Glücklich verwendete Klausel ist weder in der Höhe der Schadenpauschale noch aufgrund der Formulierung angreifbar. Sie läßt dem Unternehmer die Möglichkeit offen, im konkreten Fall nachzuweisen, daß ein geringerer Schaden entstanden ist. Somit verstößt die Klausel nicht gegen § 11Nr. 5b AGB-Gesetz und ist damit wirksam. Allerdings kann die Schreinerei versuchen, zu beweisen, daß der Glücklich tatsächlich entstandene Schaden geringer ist als die Pauschale.

Merke:
In AGB enthaltene Schadenpauschalierungsklauseln sind regelmäßig zulässig. Allerdings müssen sie dem Vertragspartner die Möglichkeit offen lassen, im konkreten Fall nachzuweisen, daß ein geringerer Schaden entstanden ist. Dies hängt maßgeblich von der Höhe der Schadenpauschale ab sowie vom Wortlaut und erkennbaren Sinn der Klausel. Die Beweismöglichkeit für den Vertragspartner ist dann nicht gegeben, wenn es heißt, daß die Pauschale auf jeden Fall, mindestens oder wenigstens zu zahlen ist. Dagegen sind Formulierungen, wie „wird mit 5,00 DM berechnet", „ist eine Entschädigung von X% zu entrichten", „kann X% ohne Nachweis als Entschädigung fordern" zulässig.

Angesprochene Rechtsquellen:

§ 11 Nr. 5b AGB-Gesetz
Stichwort: AGB-Klauseln - Schadenpauschalierungsklausel
Urteil: BGH Urteil vom 16.06.1982 (VII ZR 89/81)

Fall B 9 (+)

Kann der Bauherr versuchen, einen Mangel selbst aufzuspüren, ohne die Aufrechnungsmöglichkeit nach §479 BGB zu verlieren?

Bauunternehmer Baufix hat das Eigenheim des Sparsam errichtet. Sparsam mußte bald einige Mängelerscheinungen erkennen. Noch vor Verjährung des Mängelbeseitigungsanspruches hatte er diese angezeigt. Im Laufe der Auseinandersetzung mit dem Unternehmer versucht er selbst, den Mangel aufzuspüren. Dabei befaßt er sich allerdings nicht mehr mit allen Ursachen, auf die die auftretenden Mangelerscheinungen zurückgehen könnten. So verstreicht ein geraumer Zeitraum. Die Auseinandersetzung ergibt im Ergebnis, daß Sparsam einen Schadensersatzanspruch gegen den Bauunternehmer hat. Da dieser noch Forderungen aus dem Werkvertrag gegen Sparsam hat, erklärt Sparsam die Aufrechnung gem. §479 BGB. Baufix hält dem entgegen, daß der Mängelbeseitigungsanspruch längst verjährt sei, darüber hinaus habe Sparsam bei der Ursachenforschung nicht alle Ursachen berücksichtigt, so daß sich die Erforschung über einen längeren Zeitraum hinausgezogen hat. Kann Sparsam aufrechnen?

Antwort:
Ja, Sparsam kann aufrechnen. Insoweit hat er seinen Pflichten genügt, daß er den Mangel vor Ende der Verjährungsfrist Baufix angezeigt hatte. Daran ändert sich auch nichts, wenn er im Laufe der Auseinandersetzung mit dem Unternehmer selbst den Mangel aufzuspüren versucht und sich zeitweilig nicht mehr mit allen Ursachen befaßt, auf die die aufgetretenen Mangelerscheinungen zurückzuführen sind.

Merke:
Wird ein Mangel vor Ende der Verjährung ausreichend angezeigt, so bleibt dem Besteller die Aufrechnungsmöglichkeit gem. §479 BGB auch dann erhalten, wenn er im Laufe der Auseinandersetzung mit dem Unternehmer selbst den Mangel aufzuspüren versucht und sich zeitweilig nicht mit allen Ursachen befaßt, auf die die aufgetretenen Mangelerscheinungen zurückzuführen sind.

Angesprochene Rechtsquellen:

§§ 639 Abs. 1, 479 BGB; § 13 Nr. 5 VOB/B
Stichwort: Aufrechnung Mangelanzeige in unverjährter Zeit
Urteil: BGH vom 23.02.1989 (VII ZR 31/88)

Fall B 10 (+)

Kann die gem. §479 BGB zulässige Aufrechnung mit einem verjährten Schadenersatzanspruch des Bauherrn durch AGB-Klausel ausgeschlossen werden?

Eigenheim hat mit Bauunternehmer Baufix einen Bauvertrag geschlossen. In den allgemeinen Geschäftsbedingungen des Baufix heißt es, daß die Aufrechnungsmöglichkeit gem. §479 BGB ausgeschlossen sei. Nach Abschluß der Arbeiten sind einige Mängel zu beobachten. Diese zeigt Eigenheim Baufix rechtzeitig an. Die Mangelermittlung kommt zu dem Ergebnis, daß Eigenheim ein Schadenersatzspruch gegen Baufix gem. §639 Abs. 1 BGB zusteht. Da Eigenheim noch einige offene Rechnungen an Baufix zu bezahlen hätte, erklärt er mit seinem Schadenersatzanspruch gegen diese Forderungen die Aufrechnung. Baufix meint, der Schadenersatzanspruch, mit dem Eigenheim aufrechnen möchte, sei längst verjährt. Darüber hinaus wurde die Aufrechnungsmöglichkeit durch AGB ausgeschlossen.

Kann Eigenheim tatsächlich nicht aufrechnen?

Antwort:
Sparsam kann aufrechnen. Zunächst hat er die Aufrechnungsmöglichkeit dadurch erhalten, daß er die Mängelanzeige vor Ende der Verjährung getätigt hat. Darüber hinaus ist eine AGB-Klausel, die dem Bauherrn die Aufrechnungsmöglichkeit nehmen will, gem. §9 AGB-Gesetz unwirksam.

Merke:
Die Aufrechnungsmöglichkeit gem. §479, wonach mit verjährten Ansprüchen aufgerechnet werden kann, kann nicht durch allgemeine Geschäftsbedingungen ausgeschlossen werden.

Angesprochene Rechtsquellen:

§§ 639, 479 BGB; § 9 AGB-Gesetz
Stichwort: Aufrechnungsausschluß - Verjährter Schadenersatzanspruch
Urteil: OLG Hamm vom 17.05.1993 (17 U 7/92)

Fall B 11 (+)

Ist der Bauherr berechtigt, einen Dritten vor der Entziehung des Auftrages zu beauftragen, daß dieser die Arbeiten vollendet?

Bauherr Eigenheim läßt von Meister Röhrich die Spenglerarbeiten verrichten. Dieser kommt jedoch mit seinen Arbeiten immer mehr in Verzug. Deshalb sucht Eigenheim einen Ersatzunternehmer und wird in Spenglermeister Eilig fündig. Sie kommen überein, daß Eilig die Arbeiten des Röhrich beenden wird. Eilig dürfe jedoch erst mit den Arbeiten beginnen, wenn das Vertragsverhältnis mit Röhrich wirksam gekündigt sei. Daraufhin tritt Eigenheim wirksam vom Vertrag mit Röhrich zurück, da dieser in Verzug ist. Schon am folgenden Tag ist Eilig auf der Baustelle. Nachdem Eilig seine Arbeiten beendet hat, stellt er diese Röhrich in Rechnung. Röhrich meint, dadurch daß die Beauftragung des Eilig zu einem Zeitpunkt geschah, als er noch einen Vertrag mit Eigenheim hatte, sei Eigenheim nicht berechtigt gewesen, Eilig zu berufen. Insoweit sei Eilig auch nicht berechtigt, von ihm die Kosten zu verlangen.

Zu Recht?

Antwort:
Eigenheim war durchaus berechtigt, Eilig auch schon vor Entziehung des Auftrages zu berufen. Insbesondere hat Eigenheim dafür gesorgt, daß Eilig seine Arbeiten erst nach Entziehung des Auftrages beginnt. Insoweit wurde nicht in die vertragliche Rechtsstellung des Röhrich gegenüber dem Bauherrn Eigenheim eingegriffen.

Merke:
Die Beauftragung eines Ersatzunternehmers vor Entziehung des Auftrages des Erstunternehmers ist entgegen dem Wortlaut des §8 Nr. 3 Abs. 2 VOB/B möglich. Allerdings muß dafür gesorgt sein, daß der Ersatzunternehmer seine Arbeiten erst nach Entziehung des Auftrages beginnt. Sonst würde dieser in die vertragliche Rechtsstellung des Erstunternehmers gegenüber dem Bauherrn eingreifen.

Angesprochene Rechtsquellen:

§ 8 Nr. 3 Abs. 2 VOB/B
Stichwort: Auftragsentziehung - Auftragserteilung an Drittunternehmer
Urteil: BGH vom 30.06.1977 (VII ZR 205/75)

Fall B 12 (+)

Ist der Bauherr immer an die Einhaltung der VOB/A gebunden?

Bauherr Eigenheim schreibt Bauleitungen für seinen Neubau aus. Nach einiger Zeit erhält Baufix den Zuschlag. Gierig, ein Mitbieter des Baufix dagegen geht leer aus. Hiermit will sich Gierig nicht abfinden. Er meint, die Ausschreibung und die anschließende Vergabe sei unwirksam, da die Regelungen der VOB/A nicht beachtet worden seien. Eigenheim dagegen meint, die VOB/A wurde überhaupt nicht vereinbart, auch habe er zu keinem Zeitpunkt auf diese Bezug genommen. Hätte Eigenheim die Vorschriften der VOB/A beachten müssen?

Antwort:
Die Vorschriften der VOB/A sind nur dann zu beachten, wenn dies ausdrücklich oder für den Bieter nach den Umständen völlig eindeutig erklärt worden ist. Da Eigenheim nicht ausdrücklich erklärt hat, daß diese Vorschriften gelten sollen, eine Erklärung auch nicht in einem Verhalten des Eigenheim gesehen werden kann, ist Eigenheim an die Vorschriften der VOB/A nicht gebunden.

Merke:
Der privatrechtliche Auftraggeber ist an die Einhaltung der VOB/A nur dann gebunden, wenn dies ausdrücklich oder für den Bieter nach den Umständen völlig eindeutig erklärt worden ist.

Angesprochene Rechtsquellen:

§§ 1 ff VOB/A
Stichwort: Ausschreibung - Bindung an VOB/A
Urteil: OLG Köln vom 13.07.1993 (22 U 48/93)

Fall B 13 (+)

Hat der Bieter einen Anspruch auf Kostenerstattung gegen Ausschreiber?

Viktor Sparsam möchte sich einen neuen Bungalow bauen. Um von Anfang an möglichst günstig bauen zu können, hat er sich von mehreren Architekten ein Angebot eingeholt. Durch freihändige Vergabe erhält Architekt Clever den Zuschlag. Architekt Gierig, von Sparsam ebenfalls ein Angebot eingeholt hatte, fühlt sich durch seine Nichtberücksichtigung betrogen. Er verlangt deshalb von Sparsam Kostenersatz für die Erstellung des Entwurfes, dem außer der Zeichnung und dem Kostenvoranschlag noch eine Rentabilitätsberechnung beigefügt war. Sparsam verweigert die Bezahlung, da er meint, ein solcher Anspruch könnte Gierig nur dann zustehen, wenn dies vereinbart worden wäre. Da es an einer solchen Vereinbarung fehlt, stände Gierig kein Anspruch zu.

Zu Recht?

Antwort:
Sparsam muß nicht bezahlen. Schließlich vermag lediglich Gierig zu beurteilen, ob der zur Abgabe seines Angebotes erforderliche Aufwand das Risiko seiner Beteiligung an dem Wettbewerb lohnt. Glaubt Gierig, diesen Aufwand nicht wagen zu können, hätte er versuchen müssen, mit Sparsam eine Einigung über die Kosten des Angebotes herbeizuführen oder aber vom Angebot abzusehen. Dies gilt auch dann, wenn der Auftraggeber (hier Sparsam) eine öffentliche Ausschreibung unterläßt und sich auf die freihändige Vergabe beschränkt. Ausreichend und erforderlich ist lediglich, daß zum Zwecke des Wettbewerbs aufgefordert wird, ein Angebot abzugeben. Fügt der Anbieter nicht geforderte Leistungen seinem Angebot hinzu, so können diese auch keine Kostenerstattung begründen.

Merke:
Dem Bieter steht regelmäßig kein Vergütungsanspruch für seine Aufwendungen zur Abgabe des Angebotes zu. Er allein muß beurteilen, ob der zur Abgabe seines Angebotes erforderliche Aufwand das Risiko seiner Beteiligung an dem Wettbewerb lohnt. Glaubt er, diesen Aufwand nicht wagen zu können, mag er versuchen mit dem Veranstalter des Wettbewerbs eine Einigung über die Kosten des Angebotes herbeizuführen oder aber vom Angebot absehen.

Angesprochene Rechtsquellen:

§ 632 BGB
Stichwort: Ausschreibungskosten - Vergütungspflicht
Urteil: BGH vom 12.07.1977 (VII ZR 154/78)

Fall B 14 (+)

Ist der Bauherr schadenersatzpflichtig, wenn ein Bauunternehmer ein Angebot ausarbeitet, obwohl der Bauauftrag bereits vergeben ist?

Erich Eigenheim möchte sich ein Haus bauen. Hierzu hat er verschiedene Bauunternehmer zur Abgabe eines Angebotes aufgefordert. Er beauftragt Baufix, da dessen Angebot am günstigsten schien. Einige Zeit später kommt noch ein weiteres Angebot des Bauunternehmers Lange an. Als Lange hört, daß der Auftrag bereits längst vergeben ist, verlangt er von Eigenheim Schadenersatz dafür, daß seine Angestellten unnütz Arbeitszeit aufgewendet haben, um das Angebot zu erstellen. Hätte er davon gewußt, hätten seine Mitarbeiter andere Arbeiten übernehmen können. Eigenheim meint, ein Schadenersatzanspruch des Lange sei schon deshalb nicht gegeben, da Lange nicht in der Lage gewesen sei, andere gewinnbringende Tätigkeiten für seine Mitarbeiter bereitzustellen. Kann Lange Schadenersatz verlangen?

Antwort:
Eigenheim muß hier keinen Schadenersatz leisten. Zwar sind die Voraussetzungen für einen Schadenersatzanspruch erfüllt, jedoch kann Lange keinen Schaden beziffern. Ein Schaden ergibt sich immer durch den Vergleich zweier Vermögenslagen, nämlich der Vermögenslage mit und ohne schädigendem Ereignis. Danach wäre Lange nur dann ein Schaden entstanden, wenn seine Angestellten anstelle der Fertigung des Angebotes eine andere gewinnbringende Tätigkeit für ihn hätten ausführen können. Hierfür trägt Lange die Beweislast. Da er dies nicht kann, steht ihm kein Schadenersatzanspruch zu.

Merke:

Der Bauherr, der selbst ausschreibt, begibt sich auch gleichzeitig in die Gefahr, schadenersatzpflichtig zu werden, da ein Schadenersatzanspruch oft schon dann gegeben sein kann, wenn er gewissen Pflichten, wie z.B. Aufklärungspflichten, Sorgfaltspflichten usw. nicht nachkommt. Deshalb sollte der Bauherr die Ausschreibung immer in die Hände eines Fachmannes geben. Der Architekt z.B. wäre hierfür eine geeignete Person.

Angesprochene Rechtsquellen:

§ 249 BGB
Stichwort: Ausschreibungskosten - Angebotsbearbeitungskosten, Vergütungspflicht
Urteil: OLG Köln vom 08.11.1991 (19 U 50/91)

Fall B 15 (+)

Kann der Bieter eine Vergütung verlangen, wenn er vom Besteller zur Vorlage eines spezifizierten Angebotes aufgefordert worden ist?

Eigenheim möchte sich ein Haus bauen. Dazu fordert er einige Unternehmer zur Abgabe eines spezifizierten Angebotes auf. Als Baufix hören muß, daß er den Zuschlag nicht bekommen hat, verlangt er Vergütung der erforderlichen Vorarbeiten und Planungsleistungen seines spezifizierten Angebotes. Muß Eigenheim diesen Vergütungsanspruch erfüllen?

Antwort:
Ein Vergütungsanspruch des Baufix besteht nicht. Ein Vergütungsanspruch könnte nur dann bestehen, wenn ein wirksamer Vertrag geschlossen worden wäre. Jedoch sind die zur Abgabe eines spezifizierten Angebotes erforderlichen Vorarbeiten und Planungsleistungen in aller Regel selbst dann nicht Gegenstand eines selbständigen, vergütungspflichtigen Werkvertrages, wenn der Besteller den Unternehmer zur Vorlage des Angebotes aufgefordert hat.

Merke:
Wird eine Vergütungspflicht des Bauherrn für die Angebotsabgabe nicht ausdrücklich vereinbart, so steht dem Anbieter keine Vergütung zu. Dies gilt auch dann, wenn der Bauherr den Bieter zur Abgabe eines spezifizierten Angebotes auffordert.

Angesprochene Rechtsquellen:

§§ 631, 632 BGB
Stichwort: Ausschreibungskosten - Vorarbeiten, Planungsleistungen, Angebotsverarbeitung
Urteil: OLG Düsseldorf vom 13.03.1991 (19 U 47/90)

Fall B 16 (+)

Ist die Bauaufsichtsbehörde schadenersatzpflichtig, weil sie für ein fehlerhaft geplantes Bauvorhaben eine rechtswidrige Baugenehmigung erteilt hat?

Egon Sparsam hat sich von Architekt Schlampig einen Bungalow planen lassen. Der von Schlampig aufgestellte Plan war derart fehlerhaft, daß eine Baugenehmigung nicht hätte erfolgen dürfen. Trotzdem ist eine solche von der Bauaufsichtsbehörde erteilt worden. Als die Behörde ihren Fehler erkannte, war bereits mit den Bauarbeiten begonnen worden. Eine rechtmäßige Bebauung konnte zwar noch hergestellt werden, doch war dies mit einigen Kosten verbunden. Diese Mehrkosten verlangt nun der Bauherr Sparsam von der Bauaufsichtsbehörde erstattet. Wird sein Ansinnen Erfolg haben?

Antwort:
Grundsätzlich steht Sparsam hier ein sog. Amtshaftungsanspruch zu. Dieser ist dadurch begründet, daß die Bauaufsichtsbehörde bzw. ein Beamter der Bauaufsichtsbehörde eine Amtspflichtverletzung beging, indem er trotz eines fehlerhaften Planes eine Baugenehmigung erteilte. Dieser Amtshaftungsanspruch ist nur dann gegeben, wenn Sparsam klarstellen kann, daß er von Schlampig nicht anderweitig Ersatz verlangen kann. Für einen solchen Fall wäre der Amtshaftungsanspruch gegen die Bauaufsichtsbehörde nicht durchsetzbar. Es stellt sich die Frage, ob gegen den Architekten ein Schadenersatzanspruch durchgesetzt werden bzw. ob dieser die nötigen finanziellen Mittel aufbringen kann.

Merke:
Ein Amtshaftungsanspruch gegen die Bauaufsichtsbehörde steht dem Bauherrn nur dann zu, wenn er vom planenden Architekten nicht anderweit Ersatz verlangen kann.

Angesprochene Rechtsquellen:

§ 839 BGB
Stichwort: Baugenehmigung - Amtshaftung Planungsfehler
Urteil: BGH vom 19.03.1992 (III ZR 117/90)

Fall B 17 (+)

Kann der Bauhandwerker auch dann eine Bauhandwerkersicherungshypothek verlangen, wenn der Besteller noch nicht als Eigentümer eingetragen ist?

Eilig möchte sich ein Haus bauen. Hierfür ist er auf der Suche nach einem Grundstück sowie nach einem Bauunternehmer, der ihm sein Haus errichtet. Den Bauunternehmer findet er recht schnell in Person des Baufix, mit dem er sich einigt. Nach längerem Suchen findet er auch ein passendes Grundstück. Nachdem er den Kaufvertrag für das Grundstück notariell beurkundet hat, schließt er noch vor Eintragung im Grundbuch einen Werkvertrag mit Baufix. Baufix verlangt nun die Eintragung einer Bauhandwerkersicherungshypothek. Eilig meint, mangels Eintragung im Grundbuch sei er noch nicht Eigentümer und somit auch nicht berechtigt, eine Bauhandwerkersicherungshypothek zu bewilligen. Deshalb könne Baufix auch keinen Anspruch auf Eintragung einer Bauhandwerkersicherungshypothek gegen ihn haben.

Zu Recht?

Antwort:
In der Tat kann hier Baufix die Eintragung einer Bauhandwerkersicherungshypothek nicht verlangen. Voraussetzung für diesen Anspruch ist, daß das Baugrundstück im Eigentum des Bestellers steht. Dies liegt nicht vor, denn der Grundstückserwerber (Eilig) hat den Werkvertrag vor seiner Eintragung im Grundbuch abgeschlossen.

Merke:
Grundsätzlich kann der Bauhandwerker die Stellung einer Bauhandwerkersicherungshypothek nur dann verlangen, wenn der Besteller auch Eigentümer des Grundstücks ist. Eine Ausnahme hiervon kann nur unter ganz besonderen Voraussetzungen in Betracht kommen; z.B. wenn der Eigentümer den Besteller wirtschaftlich und rechtlich beherrscht und gleichzeitig wirtschaftliche Vorteile aus der Werkleistung gezogen hat.

Angesprochene Rechtsquellen:

§ 648 BGB
Stichwort: Bauhandwerker-Sicherungshypothek - Eigentümer/Besteller/Identität
Urteil: OLG Koblenz vom 24.09.1992 (5 U 1304/92)

Fall B 18 (+)

Besteht im Konkursfalle der Anspruch auf Übertragung der Auflassungsvormerkung?

Egon Eigenheim möchte sich von Bauträger Geier ein Haus errichten lassen. Auf dem betreffenden Grundstück wird eine Auflassungsvormerkung zugunsten des Eigenheim eingetragen. Während den Bauarbeiten muß Geier Konkurs anmelden. In der Folge verweigert der Konkursverwalter gem. §17 KO die Erfüllung des Vertrages mit Eigenheim. Eigenheim verlangt nun die Übertragung des Eigentums an dem Grundstück. Darüber hinaus verlangt er Schadenersatz wegen Nichterfüllung bez. des Teiles des Vertrages, der die Bauleistung betrifft. Der Konkursverwalter meint jedoch, daß von seiner Ablehnung, den Vertrag zu erfüllen, die Übertragung des Eigentums am Grundstück betroffen sei. Insofern stünde Eigenheim auch nur ein Schadenersatzanspruch zu.

Kann Eigenheim die Übereignung des Grundstückes verlangen?

Antwort:
Eigenheim kann die Übertragung des Eigentums am Grundstück verlangen. Im Konkurs des Bauträgers führt die Weigerung des Konkursverwalters, das Bauwerk fertigzustellen, nicht dazu, daß der Erwerber auf einen - ungesicherten - Anspruch auf Schadenersatz wegen Nichterfüllung verwiesen werden kann. Vielmehr kann er die Übereignung des Grundstückes und darüber hinaus Schadenersatz wegen Nichterfüllung bez. des Teiles des Vertrages verlangen, der die Bauleistung betrifft. Eigenheim kann hier unter Anrechnung seiner für das Grundstück und bis dahin erstellte Bauwerk geleisteten Zahlungen die Übereignung verlangen. Der einheitliche Vertrag wird damit aufgeteilt. Der Grundstücksübereignungsanspruch wird vom durch die Erfüllungsablehnung für die Zukunft erledigten Anspruch auf Fertigstellung des Bauwerks gelöst. Damit kann er, Eigenheim, Übereignung des Grundstücks sowie des nicht fertiggestellten Bauwerkes verlangen. Darüber hinaus hat er einen Schadenersatzanspruch bzw. einen Anspruch auf Fertigstellung des Bauwerks.

Merke:
Mit Eintragung der Auflassungsvormerkung können die Ansprüche des Erwerbers nicht mehr beeinträchtigt werden. Dies ist insbesondere wichtig für die Fälle des steckengebliebenen Baues z.B. wegen Konkurs des Bauträgers.

Angesprochene Rechtsquellen:

§§ 17, 24 KO
Stichwort: Bauträgervertrag - Konkursfolgen, Grundstücksübereignung
Urteil: BGH vom 21.11.1985 (VII ZR 366/83)

Fall B 19 (+)

Sind Grundstückserwerbsvertrag und Bauvertrag untrennbar miteinander verbunden?

Eigenheim hat mit dem Bauträger Wertvoll einen Bauträgervertrag geschlossen. Es wurde bereits mit den Arbeiten begonnen und Eigenheim hat auch schon einige Teilzahlungen geleistet. Aufgrund des Verhaltens des Wertvoll kündigt Eigenheim den auf die Bauleistung bezogenen Teil des Bauträgervertrages aus wichtigem Grund. Er verlangt die Übereignung des Grundstückes. Wertvoll meint, durch die Kündigung sei der Anspruch auf Übereignung des Grundstücks erloschen.

Zu Recht?

Antwort:
Wertvoll ist hier im Unrecht. Er wird das Grundstück an Eigenheim übereignen müssen. Zwar gilt die Regel, daß der Bauträgervertrag einheitlich abzuwickeln ist, diese verlangt jedoch dann eine Ausnahme, wenn der Bauträger dem Erwerber einen wichtigen Grund zur Kündigung der Bauleistung gibt. Eine Ausnahme ist dann sachgerecht, wenn der Bauträger dem Erwerber Veranlassung gibt, den auf die Bauleistung bezogenen Teil des Bauträgervertrages aus wichtigem Grund zu kündigen. Das Interesse des Bauträgers, die von ihm angebotene Bauleistung vollständig erbringen zu können, ist in einem solchen Fall nicht mehr schutzwürdig. Dann ist vielmehr das Interesse des vertragstreuen Erwerbers vorrangig, der seinen Anspruch auf Übereignung des Grundstücks behalten darf und zwar auch, weil er andernfalls die Sicherheit verlieren würde, die ihm die Vormerkung für die bisher geleisteten Ratenzahlungen bietet.

Merke:
Um den Übereignungsanspruch am Grundstück nicht zu verlieren, obwohl bereits Ratenzahlungen erfolgt sind, ist es unbedingt notwendig, sich eine Auflassungsvormerkung eintragen zu lassen.

Angesprochene Rechtsquellen:

§ 649 BGB
Stichwort: Bauträgervertrag - Kündigung aus wichtigem Grund
Urteil: BGH vom 21.11.1985 (VII ZR 366/83)

Fall B 20 (+)

Gilt der Festpreis auch bei Massenänderungen?

Bauträger Wertvoll läßt von Bauunternehmer Baufix ein Mehrfamilienhaus errichten. Im Bauvertrag sind die allgemeinen Vertragsbedingungen des Wertvoll zugrunde gelegt. Darin heißt es u.a.: Die Einheitspreise sind Festpreise für die Dauer der Bauzeit und behalten auch dann ihre Gültigkeit, wenn Massenänderungen im Sinne des §2 Nr. 3 VOB/B eintreten. Dem Bauvertrag werden alsdann Einheitspreise zugrunde gelegt. Nach Abschluß der Arbeiten ist jedoch festzustellen, daß der Mengenansatz aus dem Bauvertrag um über 10% überschritten wurde. Diese Überschreitung stellt Baufix Wertvoll in Rechnung. Dieser weigert sich jedoch, den Mehrpreis zu bezahlen unter Hinweis auf seine Allgemeinen Geschäftsbedingungen. Baufix meint daraufhin, diese seien unwirksam.

Zu Recht?

Antwort:
Die von Wertvoll verwendete AGB-ist in vollem Maße wirksam. Ein Verstoß gegen die Inhaltskontrolle des AGB-Gesetzes ist nicht zu beobachten. Baufix kann den Mehrpreis nicht verlangen.

Merke:
Die Regelung des §2 Nr. 3 VOB/B kann durch Allgemeine Geschäftsbedingungen eingeschränkt werden.

Angesprochene Rechtsquellen:

§ 9 AGB-Gesetz; § 2 Nr. 3 VOB/B
Stichwort: Auftragsklauseln Mehr- und Mindermengen
Urteil: BGH vom 08.07.1993 (VII ZR 79/92)

Fall B 21 (+)

Kann der Besteller vom Werkvertrag zurücktreten, wenn die vereinbarte Herstellungsfrist überschritten wird oder wenn deren Überschreitung droht?

Schreinermeister Eder soll für Marcel R. ein großes Bücherregal errichten. Dazu vereinbaren beide eine Herstellungsfrist von 4 Wochen, gerechnet vom Tage des Vertragsabschlusses. Als nach 3 Wochen noch nichts geschehen ist und eine Überschreitung der vereinbarten Herstellungsfrist ernsthaft bevorsteht, tritt Marcel R. vom Vertrag zurück. Schreinermeister Eder meint, ein Rücktritt käme nicht in Frage, da die Herstellungsfrist noch nicht abgelaufen und darüber hinaus die Verzögerung durch Lieferschwierigkeiten für das von Marcel R. gewünschte Holz zurückzuführen sei. Kann Marcel R. vom Vertrag zurücktreten oder sind die Argumente des Schreinermeister Eder stichhaltig?

Antwort:
Marcel R. kann tatsächlich zurücktreten. Ein Rücktritt vom Werkvertrag kommt regelmäßig schon dann in Frage, wenn lediglich eine Überschreitung der vereinbarten Herstellungsfrist droht. Dabei ist es auch nicht erforderlich, daß den Unternehmer, hier Schreinermeister Eder, an der Fristüberschreitung ein Verschulden trifft; es genügt vielmehr, daß dies in seinen Verantwortungsbereich fällt. So z.B. wenn er Materialien, die er zur Herstellung benötigt, nicht besorgen kann o.ä.

Merke:
Ein Rücktritt vom Werkvertrag kommt regelmäßig schon dann in Betracht, wenn eine Überschreitung der vereinbarten Herstellungsfrist droht.

Angesprochene Rechtsquellen:

§ 636 BGB
Stichwort: Abschlagszahlungen
Urteil: BGH vom 05.05.1993 (X ZR 115/90)

Fall B 22 (+)

Kann der Bauherr vom Bauunternehmer Schadenersatz verlangen, wenn der Bauunternehmer mit der Erbringung seiner Bauleistung in Verzug ist?

Eigenheim läßt sich von Bauunternehmer Schlampig ein Einfamilienhaus errichten. Im Bauvertrag wurde eine Bauzeit von 7 Monaten mit Verlängerung durch Regen und Frosttage und der Beginn der Bauarbeiten am 15.09.92 vereinbart. Gleichwohl wurde das Haus erst im August 1993 fertiggestellt. Eigenheim hatte Schlampig bereits Ende April angemahnt und ihm eine Frist zur Fertigstellung gesetzt. Diese ließ Schlampig verstreichen. Durch diese Verzögerung ist Eigenheim ein Schaden entstanden. Diesen möchte er von Schlampig ersetzt haben. Schlampig verweigert jedoch die Bezahlung.

Zu Recht?

Antwort:
Der Anspruch des Eigenheim ist begründet. Ein Schadenersatzanspruch steht ihm zu. Der BGH hat entschieden, daß in o.g. Fall eine zeitliche Überschreitung der vereinbarten Bauzeit vorliegt. Da Eigenheim den Schlampig wirksam in Verzug gesetzt hat, ist der Schadenersatzanspruch gegen Schlampig begründet worden. Hätte Eigenheim jedoch eine Mahnung unterlassen, wäre kein Verzug eingetreten, ein Schadenersatzanspruch wäre in diesem Falle unbegründet.

Merke:
Ob eine vereinbarte Bauzeit im Einzelfall überschritten ist, ist von Fall zu Fall zu entscheiden. Damit der Bauherr jedoch einen evtl. gegebenen Schadenersatzanspruch nicht verliert, ist es notwendig, daß dieser den Bauunternehmer wirksam in Verzug setzt. Dazu ist es notwendig, daß er diesen anmahnt. Darauf, daß der Leistungszeitpunkt schon allein nach dem Kalender bestimmt ist, sollte man sich nicht verlassen. Selbst dann nicht, wenn eine feste Bauzeit vereinbart ist und darüber hinaus der Baubeginn festgeschrieben ist. Dadurch, daß meist eine Verlängerung durch Regen- und Frosttage vereinbart ist, wird das Bauzeitende unbestimmt. Dies macht eine Mahnung erforderlich, um den Bauunternehmer wirksam in Verzug zu setzen.

Angesprochene Rechtsquellen:

§ 5 VOB/B; § 284 Abs. 2 BGB
Stichwort: Bauzeitüberschreitung - Verzug
Urteil: BGH vom 08.06.1967 (VII ZR 311/64)

Fall B 23 (+)

Setzt ein Schadenersatzanspruch nach §6 Nr. 6 VOB/B voraus, daß die Behinderung der Arbeiten vom Auftraggeber verschuldet ist?

Eigenheim läßt sich von Bauunternehmer Baufix ein Eigenheim errichten. Da die Baugenehmigung nicht rechtzeitig eingeht, verzögert sich der Beginn der Bauarbeiten erheblich. Dadurch entstehen dem Unternehmer Baufix Mehraufwendungen. Diese möchte er von Eigenheim ersetzt bekommen. Eigenheim verweigert jedoch die Bezahlung.

Zu Recht?

Antwort:
Eigenheim verweigert die Zahlung zu Recht. Ein Schadenersatzanspruch des Baufix ist nicht begründet. Voraussetzung für einen solchen Anspruch des Baufix wäre, daß Eigenheim die Verzögerung des Baubeginns verschuldet hätte. Vorliegend hat jedoch die Bauaufsichtsbehörde die Genehmigung verzögert. Somit ist die Verzögerung lediglich der Risikosphäre des Eigenheim zuzurechnen. Dies reicht für einen Schadenersatzanspruch nach §6 Nr. 6 VOB/B nicht aus. Gefordert wäre hier ein Verschulden des Eigenheim. Das liegt nicht vor. Somit ist ein Schadenersatzanspruch nicht begründet.

Merke:

Der Schadenersatzanspruch des Unternehmers setzt ein Verschulden des Auftraggebers voraus. Es reicht nicht, wenn die Behinderung lediglich der Risikosphäre des Auftraggebers zugerechnet werden kann.

Angesprochene Rechtsquellen:

§ 6 Nr. 6 VOB/B
Stichwort: Behinderung - Schadenersatz
Urteil: OLG Düsseldorf vom 09.05.1990 (19 U 16/89)

Fall B 24 (+)

Hat es der Bauherr zu vertreten, wenn es zu einer Bauverzögerung kommt, weil die Vorunternehmer säumig sind?

Egon Eigenheim läßt sich von Bauunternehmer Baufix ein mehrstöckiges Bürogebäude errichten. Die Bauarbeiten verzögern sich, da Eigenheim Vorleistungen nicht zur Verfügung stellen kann, weil die entsprechenden Vorunternehmer säumig sind. Daraufhin verlangt Baufix gem. §6 Nr. 6 VOB/B Schadenersatz wegen Bauverzögerung. Eigenheim wendet ein, diese Verzögerung sei von ihm nicht zu vertreten, da die entsprechenden Vorunternehmer säumig sind. Darüber hinaus sei er vertraglich zur Verschiebung der Bauzeiten gegenüber den vorherigen Zeitplänen berechtigt. Schon deshalb sei ein Schadenersatzanspruch ausgeschlossen. Muß Eigenheim Schadenersatz leisten?

Antwort:
Ein Schadenersatzanspruch des Baufix gegenüber Eigenheim besteht nicht. Eigenheim hat es nicht zu vertreten, wenn Vorleistungen nicht zur Verfügung gestellt werden, weil die Vorunternehmer säumig sind. Die Säumigkeit der Vorunternehmer könnte dem Bauherrn nur dann zugerechnet werden, wenn die Vorunternehmer Erfüllungsgehilfen des Eigenheim wären. Bei der Errichtung eines derart großen Bauwerkes kann dies jedoch nicht angenommen werden. Es sei nochmals klargestellt, daß der Schadenersatzanspruch nicht deshalb ausgeschlossen ist, weil Eigenheim zur Verschiebung der vertraglich vereinbarten Bauzeit berechtigt ist, sondern weil ihm die Säumigkeit der Vorunternehmer nicht zugerechnet werden kann.

Merke:
Der Bauherr hat einen Schaden gem. §6 Nr. 6 VOB/B nicht zu vertreten, der durch die Säumigkeit von Vorunternehmern eintritt. Allerdings muß er geltend machen können, daß er seinerseits die erforderliche Sorgfalt angemahnt hat. Schadenersatzansprüche nach §2 Nr. 5 und §6 Nr. 6 VOB/B sind nicht schon deshalb ausgeschlossen, weil der Bauvertrag das Recht des Bauherrn vorsieht, die Bauzeit zu verschieben.

Angesprochene Rechtsquellen:

§ 6 Nr. 6 VOB/B
Stichwort: Behinderung - Schadenersatz bei Bauverzögerung, Vorunternehmerverzug
Urteil: OLG Köln vom 14.06.1985 (20 U 164/84)

Fall B 25 (+)

Können anfallende Finanzierungskosten für ein Mietshaus bei Verzug des Auftragnehmers Inhalt eines Schadenersatzanspruches sein?

Egon Eigenheim läßt sich von Bauunternehmer Baufix ein Mehrfamilienhaus errichten. Vertragsgemäß sollte das Haus bis zum 31.10.1993 bezugsfertig sein. Danach sollten die Wohnungen ab 01.11. vermietet werden. Den vereinbarten Fertigstellungstermin konnte Baufix aus Gründen, die nur ihm bekannt waren, nicht einhalten. Dadurch kommt die ganze Finanzierung des Eigenheim durcheinander. Er möchte deshalb die regelmäßig anfallenden Finanzierungskosten nach §6 Nr. 6 VOB/B von Baufix ersetzt haben. Baufix hält dem entgegen, bei diesen Kosten handle es sich um einen sog. entgangenen Gewinn, wofür regelmäßig kein Schadenersatz zu leisten ist. Ist die Auffassung des Baufix richtig?

Antwort:
Eigenheim kann hier die regelmäßig anfallenden Finanzierungskosten nach §6 Nr. 6 VOB/B als ersatzfähigen Schaden geltend machen. Für sie gilt die Haftungsbeschränkung für entgangenen Gewinn nicht.

Merke:
Regelmäßig anfallende Finanzierungskosten eines zur Vermietung bestimmten Gebäudes, die in der Zeit des Verzuges des Auftragnehmers anfallen, sind nach §6 Nr. 6 VOB/B ersatzfähiger Schaden. Wirken Verzögerungsursachen zusammen, die Auftragnehmer und Auftraggeber zu vertreten haben, so ist ein nach §6 Nr. 6 VOB/B zu erstattender Verzögerungsschaden nach dem Verschuldens- und Verursachungsbeitrag gem. §254 BGB zu teilen. Der Verursachungsbeitrag von Auftragnehmer und Auftraggeber kann nach §287 ZPO geschätzt werden.

Angesprochene Rechtsquellen:

§ 6 Nr. 6 VOB/B; § 287 ZPO; § 254 BGB
Stichwort: Behinderung Schaden beiderseitiger Verursachung, Mitverschulden
Urteil: BGH vom 14.01.1993 (VII ZR 185/91)

Fall B 26 (+)

Kann vom Erben des Bruders Schadenersatz verlangt werden, wenn vereinbart war, daß jeder dem anderen beim Hausbau hilft und dieser stirbt?

Die Brüder Max und Moritz vereinbaren, daß jeder dem anderen beim Hausbau hilft. Nachdem das Haus von Max fertiggestellt ist, stirbt dieser plötzlich und unerwartet. Moritz sieht sich nun betrogen. Zuerst steckt er seine ganze Energie in das Haus des Bruders und dann stirbt dieser, ohne ihm bei seinem eigenen Haus helfen zu können. Aus diesem Grund verlangt er von den Erben Rückgewähr der erbrachten Arbeitsleistungen. Kann Moritz tatsächlich von den Erben Ersatz verlangen?

Antwort:
Tatsächlich kann hier Moritz von den Erben Ersatz seiner Arbeitsleistungen verlangen. Maßgebend hierfür sind die §§812 ff. BGB. Dagegen ist für eine Vertragsanpassung nach den Grundsätzen über den Wegfall der Geschäftsgrundlage kein Raum.
Es gibt keinen allgemeinen Erfahrungssatz, daß Arbeitsleistungen unter nahen Verwandten üblicherweise nicht gegen volles Entgelt erbracht werden. Auch hier ist vom objektiven Wert der erbrachten Leistungen auszugehen. Die Bereicherung besteht in Höhe der Aufwendungen, die für eine Ersatzkraft hätten gezahlt werden müssen. Moritz kann somit von den Erben Ersatz der Aufwendungen verlangen, die Max für eine Ersatzkraft hätte zahlen müssen.

Merke:
Auch unter nahen Verwandten gilt, daß Arbeitsleistungen üblicherweise mit dem vollen Entgelt zu bezahlen sind. Auch hier ist vom objektiven Wert der erbrachten Leistungen auszugehen.

Angesprochene Rechtsquellen:
§§ 812, 342 BGB Stichwort: Bereicherungsanspruch - Nachbarschaftshilfe, Bewertung Urteil: BGH vom 01.10.1985 (IX ZR 155/84)

Fall B 27 (+)

Besteht ein vermuteter Zusammenhang, wenn an einem Grundstück Schäden auftreten und am Nachbargrundstück bei der Aushebung und Sicherung der Baugrube DIN-Normen nicht beachtet werden?

Eigenheim läßt sich von Baufix ein Haus errichten. Während der Aushebung und Sicherung einer Baugrube muß der Besitzer des Nachbargrundstückes feststellen, daß einige Schäden an seinem Haus entstehen. Wie sich herausstellt, wurden bei der Aushebung und Sicherung der Baugrube einige DIN-Normen nicht beachtet. Nachbar Sparsam möchte nun die bei ihm entstandenen Schäden von Baufix ersetzt haben. Baufix meint jedoch, ein kausaler Zusammenhang zwischen der Verletzung der DIN-Normen und den Schäden sei nicht zu sehen. Ist diese Auffassung des Baufix richtig?

Antwort:
Die Auffassung des Baufix ist nicht richtig. Werden bei der Aushebung und Sicherung einer Baugrube DIN-Normen nicht beachtet, so spricht eine Vermutung dafür, daß im örtlichen zeitlichen Zusammenhang mit der Aushebung auf einem Nachbargrundstück entstandene Schäden auf die Verletzung der DIN-Normen zurückzuführen sind. Dabei handelt es sich jedoch lediglich um eine Vermutung. Diese kann von Baufix jederzeit widerlegt werden. Dies muß er allerdings im einzelnen beweisen.

Merke:
Werden bei einer Aushebung und Sicherung einer Baugrube DIN-Normen nicht beachtet, so spricht eine widerlegbare Vermutung dafür, daß im örtlichen und zeitlichen Zusammenhang mit der Aushebung auf einem Nachbargrundstück entstandene Schäden auf die Verletzung der DIN-Normen zurückzuführen sind.

Angesprochene Rechtsquellen:

§ 282 BGB
Stichwort: Beweislast Kausalitätsvermutung und Verletzung von DIN-Normen
Urteil: BGH vom 19.04.1991 (V ZR 349/90)

Fall B 28 (+)

Kann der Bauherr Schadenersatz für einen mangelhaften Deckenbeton auch dann verlangen, wenn er selbst die Bauleitung übernommen hat?

Eigenheim läßt sich von Bauunternehmer Baufix ein Einfamilienhaus errichten. Acht Jahre nach Fertigstellung des Hauses muß festgestellt werden, daß dem Fundament- und Deckenbeton (B 225) die vorgeschriebene Güte und Dichte zur rostsicheren Umhüllung der Rundstahlbewehrung fehlt. Eigenheim verlangt nun Schadenersatz wegen Nichterfüllung von Bauunternehmer Baufix. Baufix hält dem entgegen, daß das Haus, ohne daß Setzrisse aufgetreten sind, bereits 8 Jahre steht und darüber hinaus, daß Eigenheim die Bauleitung selbst übernommen hatte und er deshalb den Bauunternehmer bei der Herstellung des B 225 hätte überwachen müssen. Aus diesen Gründen sei ein Schadenersatzanspruch ausgeschlossen.

Zu Recht?

Antwort:
Der Schadenersatzanspruch des Eigenheim ist begründet. Fehlt dem Fundament- und Deckenbeton die vorgeschriebene Güte und Dichte zur rostsicheren Umhüllung der Rundstahlbewehrung, so stehen dem Bauherrn wegen dieser Mängel Ansprüche gegen den Bauunternehmer zu. Dem steht die Tatsache eines bereits 8jährigen Bestehens des Hauses, ohne daß Setzrisse auftraten, nicht entgegen, weil auf die Dauer die Standfestigkeit des Hauses gefährdet ist. Auch wenn der Bauherr selbst die Bauleitung übernommen hat, erwächst ihm daraus grundsätzlich keine Verpflichtung, die Herstellung des B 225 durch den Bauunternehmer überwachen zu lassen.

Der Bauherr kann im Wege des Schadenersatzanspruches wegen Nichterfüllung vom Bauunternehmer den Ersatz der zur Mängelbeseitigung erforderlichen Kosten verlangen, um so gestellt zu werden, als wäre das Bauwerk vertragsgerecht und ohne Fehler und Mängel errichtet worden.

Merke:
Dem Bauherrn stehen auch dann Schadenersatzansprüche gegen den Bauunternehmer wegen mangelhaften Betons zu, wenn er selbst die Bauleitung übernommen hat.

Angesprochene Rechtsquellen:

§§ 633, 635, 254 BGB
Stichwort: Betonmängel - Bauleitung durch Bauherrn
Urteil: BGH vom 14.06.1962 (VII ZR 250/60)

Fall B 29 (+)

Kann im Beweissicherungsverfahren Antrag auf Erscheinen des Sachverständigen im Termin mit Erfolg gestellt werden?

In einem Rechtsstreit des Eigenheim kommt es vor dem Amtsgericht zu einem Beweissicherungsverfahren. In diesem Verfahren stellt Eigenheim den Antrag, das Erscheinen des Sachverständigen in einem Termin zur Erläuterung seines schriftlichen Gutachtens anzuordnen. Muß das Gericht diesem Antrag Folge leisten?

Antwort:
Das Gericht muß diesem Antrag folgen. §411 ZPO, der die Anordnung schriftlicher Begutachtung durch den Sachverständigen zuläßt, gilt auch im Beweissicherungsverfahren, denn nach §492 Abs. 1 ZPO erfolgt auch in diesem Verfahren die Beweisaufnahme nach den für die Aufnahme des betreffenden Beweismittels überhaupt geltenden Vorschriften. Wendet man aber §411 ZPO im Beweissicherungsverfahren an, so ist grundsätzlich auch der Antrag einer Partei auf Anberaumung eines Termins zur mündlichen Erläuterung des Gutachtens durch den Sachverständigen gem. §411 Abs. 2 ZPO zulässig. Das Beweissicherungsverfahren war auch nicht bereits durch die Übersendung des Gutachtens abgeschlossen. Dies gilt nur, wenn ein Antrag auf mündliche Anhörung des Sachverständigen nicht gestellt wird.

Merke:

Wird im Beweissicherungsverfahren ein schriftliches Gutachten gem. §411 ZPO zugelassen, so ist auch einem Antrag, das Erscheinen des Sachverständigen zur Erläuterung seines schriftlichen Gutachtens anzuordnen, Folge zu leisten.

Angesprochene Rechtsquellen:

§§ 492, 411 ZPO
Stichwort: Beweissicherungsverfahren - Anhörung des Sachverständigen
Urteil: LG Frankfurt Beschluß vom 28.09.1984 (2/9 T 633/84)

Fall B 30 (+)

Muß der potentielle Haftungsnachfolger ein durchgeführtes Beweissicherungsverfahren gegen sich gelten lassen?

Berechnix, Verwalter der Wohnungseigentümergemeinschaft Nordstraße, hatte gegen einen Bauhandwerker ein Beweissicherungsverfahren betrieben. Darin hatte er ein Gutachten erstellen lassen. Da jedoch der Handwerker kein Vermögen hatte, kam für die Eigentümer lediglich ein Anspruch gegen Berechnix aus seiner substantiellen Haftung heraus in Frage. Berechnix meint nun, er müsse das Gutachten, das er seinerzeit im Beweissicherungsverfahren gegen den Bauhandwerker verlangt hatte, nicht gegen sich gelten lassen.

Zu Recht?

Antwort:
Berechnix muß das Gutachten gegen sich gelten lassen. Der, der als Verwalter einer Wohnungseigentümergemeinschaft ein Beweissicherungsverfahren gegen einen Bauhandwerker betrieben hat, muß das Gutachten gegen sich gelten lassen, wenn er aus seiner substantiellen Haftung in Anspruch genommen wird.

Merke:
Wurde per Gutachten einmal ein Sachverhalt geklärt, so hat auch der Haftungsnachfolger dies gegen sich gelten zu lassen. Das gilt insbesondere auch für ein Beweissicherungsverfahren.

Angesprochene Rechtsquellen:

§ 485 ff ZPO
Stichwort: Beweissicherungsverfahren - Bauträger als WEG-Verwalter gegen Subunternehmer
Urteil: OLG Düsseldorf vom 25.05.1990 (22 U 239/89)

Fall B 31 (+)

Die Kosten des Beweissicherungsverfahrens sind stark erhöht. Kann der Auftraggeber die Kosten trotzdem voll als Schadenersatz geltend machen?

Bauunternehmer Flach sollte für Eigenheim ein Haus errichten. In der Folge kommt es zu erheblichen Meinungsverschiedenheiten und es kommt zu einem Beweissicherungsverfahren. Im Rahmen dieses Verfahrens hat Eigenheim ein Sachverständigengutachten in Auftrag gegeben. Die Kosten für dieses Gutachten möchte er nun von Bauunternehmer Flach ersetzt haben. Flach wendet ein, der Anspruch des Eigenheim sei, sofern er überhaupt bestehe, zu kürzen, da der Gutachter objektiv nicht erforderliche Laboruntersuchungen durchgeführt hat, was die Kosten stark erhöht hat.

Was kann Eigenheim von Bauunternehmer Flach als Schadenersatz verlangen?

Antwort:
Grundsätzlich steht dem Bauherrn Eigenheim hier ein Schadenersatz aus §635 BGB bzw. §13 Nr. VOB/B zu. Dieser umfaßt die Kosten eines Beweissicherungsverfahrens. Dieser Schadenersatzanspruch umfaßt die Kosten eines Beweissicherungsverfahrens auch dann in vollem Umfang, wenn die Kosten des eingeholten Sachverständigengutachtens durch objektiv nicht erforderliche Laboruntersuchungen stark überhöht ist. Der Grund dafür liegt darin, daß der Auftraggeber (Bauherr) als Antragsteller des Beweissicherungsverfahrens sich grundsätzlich darauf verlassen kann, daß der Sachverständige aufgrund seines sachverständigen Eides und seiner Sachkenntnis nur solche Untersuchungen vornimmt, die zur zuverlässigen Beantwortung der Beweisfrage notwendig sind, und daß das Gericht auch nur die notwendigen Kosten an den Sachverständigen bewilligt und auszahlt.

Merke:
Der Auftraggeber kann vom Auftragnehmer unter den Voraussetzungen des §635 BGB bzw. des §13 Nr. 7 VOB/B als Schadenersatz die Kosten eines Beweissicherungsverfahrens auch dann in vollem Umfang ersetzt bekommen, wenn die Kosten des eingeholten Sachverständigengutachtens durch objektiv nicht erforderliche Laboruntersuchungen stark überhöht sind.

Angesprochene Rechtsquellen:

§ 635 BGB; § 13 Nr. 7 VOB/B
Stichwort: Beweissicherungsverfahren - Kostenerstattung, Schadenersatzanspruch
Urteil: OLG Düsseldorf vom 18.06.1985 (23 U 7/85)

Fall B 32 (+)

Wann kann der Antragsteller eines Beweissicherungsverfahrens keinen Anspruch auf Erstattung der dort entstandenen Gerichtskosten geltend machen?

Zwischen Bauherr Eigenheim und Bauunternehmer Flach ist es bezüglich des Neubaus des Eigenheim zu einem Rechtsstreit gekommen. Auf Antrag des Bauherrn ging dem Rechtsstreit ein Beweissicherungsverfahren voraus. Im Rechtsstreit selbst kommt es zu einem Vergleich zwischen den Parteien. Folge dieses Vergleiches ist es, daß die Kosten des Rechtsstreits gegeneinander aufgehoben sind. Eigenheim möchte jetzt jedoch die Kosten für das Beweissicherungsverfahren von Bauunternehmer Flach erstattet haben.

Zu Recht?

Antwort:
Eigenheim hat keinen Anspruch auf Erstattung der entstandenen Gerichtskosten bez. des Beweissicherungsverfahrens. Dieses Beweissicherungsverfahren ist auf Antrag des Eigenheim erfolgt. Somit hat auch dieser die Kosten zu tragen.

Merke:
Werden im Vergleich die Kosten des Rechtsstreits gegeneinander aufgehoben, so hat der Antragsteller des dem Rechtsstreit vorausgegangenen Beweissicherungsverfahrens keinen Anspruch auf Erstattung dort entstandener Gerichtskosten.

Angesprochene Rechtsquellen:

§§ 91, 103, 485 ZPO
Stichwort: Beweissicherungsverfahren - Kostenerstattung bei Vergleich
Urteil: OLG Frankfurt Beschluß vom 13.06.1983 (20 W 127/83)

Fall B 33 (+)

Kann der in einem Beweissicherungsverfahren angerufene Sachverständige wegen Besorgnis der Befangenheit auch noch im Hauptprozeß abgelehnt werden?

Zwischen Bauunternehmer Flach und Bauherr Eigenheim kommt es zu einem Rechtsstreit. Auf Antrag des Flach wird ein Beweissicherungsverfahren durchgeführt. Hierbei fordert Flach ein Sachverständigengutachten an. Als Eigenheim das Gutachten bekommt, befürchtet er, daß der Sachverständige befangen war. Aus diesem Grunde nimmt er sich vor, diesen Sachverständigen abzulehnen. Als es zur Hauptverhandlung kommt, bringt er einen entsprechenden Antrag vor.

Wird das Gericht diesem Antrag folgen?

Antwort:
Das Gericht wird diesen Antrag ablehnen. Zwar kann ein Sachverständiger wegen Besorgnis der Befangenheit im Beweissicherungsverfahren grundsätzlich abgelehnt werden, jedoch muß die Ablehnung noch im Beweissicherungsverfahren vorgebracht werden. Eine erst im anschließenden Hauptprozeß angebrachte Ablehnung des Sachverständigen ist unzulässig, wenn die behaupteten Ablehnungsgründe schon während des Beweissicherungsverfahrens bekannt waren. Hier hat Eigenheim von den Ablehnungsgründen bereits vor der Hauptverhandlung, nämlich als er das Gutachten las, erfahren. Um den Sachverständigen abzulehnen, hätte er unmittelbar noch im Beweissicherungsverfahren diesen Antrag formulieren müssen. Dies hat er nicht getan, somit ist die Ablehnung des Sachverständigen unzulässig.

Merke:
Die Ablehnung eines Sachverständigen wegen Besorgnis der Befangenheit im Beweissicherungsverfahren ist grundsätzlich zulässig, es sei denn, daß dadurch der Zweck der Beweissicherung vereitelt wurde. Eine von einer Partei aus dem anschließenden Hauptprozeß angebrachte Ablehnung des Sachverständigen ist unzulässig, wenn hier die behaupteten Ablehnungsgründe schon während des Beweissicherungsverfahrens bekannt gewesen oder geworden sind.

Angesprochene Rechtsquellen:

§ 406, 485 ff ZPO
Stichwort: Beweissicherungsverfahren - Sachverständigenablehnung
Urteil: OLG Düsseldorf Beschluß vom 23.08.1985 (23 W 31/85)

Fall B 34 (+)

Wie ist der Streitwert eines Beweissicherungsverfahrens zu ermitteln?

Eigenheim hat einen Antrag auf Eröffnung eines Beweissicherungsverfahrens gestellt. Um die Kosten für dieses Verfahren abschätzen zu können, möchte Eigenheim wissen, welcher Streitwert diesem Beweissicherungsverfahren zugrunde zu legen ist.

Antwort:
Der Streitwert eines Beweissicherungsverfahrens richtet sich nach dem objektiv zu bewertenden Interesse des Antragstellers an der Sicherstellung eines Beweismittels. Hat das Beweissicherungsverfahren die Feststellung von Baumängeln zum Gegenstand, so ist das Interesse an der Beweissicherung grundsätzlich mit den Mängelansprüchen gleichzustellen, weil diese mit der Feststellung im Beweissicherungsverfahren regelmäßig stehen oder fallen.

Merke:
Der Streitwert eines Beweissicherungsverfahrens richtet sich, wenn es um die Feststellung von Baumängeln geht, nach der Höhe der Mängelansprüche. Er ist mit diesen gleichzustellen.

Angesprochene Rechtsquellen:

§ 485 ff ZPO Stichwort: Beweissicherungsverfahren - Streitwert Mängelansprüche Urteil: LG Darmstadt Beschluß vom 22.07.1985 (5 T 768/85)

Fall B 35 (+)

Eine Bank hat eine Gewährleistungsbürgschaft übernommen. Sie ersetzt eine Sicherheitsleistung, die für ein Jahr einbehalten werden durfte. Das Jahr ist vorüber. Muß die Bank auf Verlangen zahlen?

Bauunternehmer Flach hat für Eigenheim ein Einfamilienhaus errichtet. Zur Sicherung der Gewährleistungsansprüche hat die Bank des Flach Eigenheim eine Gewährleistungsbürgschaft eingeräumt. Im Bürgschaftsformular war diese Gewährleistungsbürgschaft als unbefristet bezeichnet. Darüber hinaus hatte die Bank auf die erste Anforderung hin ungeachtet aller Einwände und Einreden auch von dritter Seite zu bezahlen. Daneben haben Flach und Eigenheim einen Vertrag geschlossen, wonach die durch die Bürgschaft ersetzte Sicherheitsleistung nur für ein Jahr einbehalten werden durfte. Nach Ablauf eines Jahres fordert Eigenheim die Bank auf, aufgrund der Bürgschaft zu bezahlen. Diese verweigert bezugnehmend auf den Vertrag zwischen den Parteien die Zahlung.

Ist die Bank tatsächlich berechtigt, die Zahlung zu verweigern?

Antwort:
Die Bank ist nicht berechtigt, die Zahlung zu verweigern. Für die Bank ist ausnahmslos das Bürgschaftsformular maßgebend. Hierin hat sich die Bank verpflichtet, eine unbefristete Gewährleistungsbürgschaft zu übernehmen. Darüber hinaus sollte sie auf erste Anforderung hin ungeachtet aller Einwände und Einreden auch von dritter Seite bezahlen. Indem sie dies nicht wahrnimmt, verstößt sie eindeutig gegen die Pflicht ihrer Bürgschaft. Der zwischen den Parteien abgeschlossene Vertrag hat lediglich zwischen diesen Parteien Wirkung. Er entfaltet keinerlei Wirkung in bezug auf die Bank. Unklarheiten hinsichtlich der Frage der zeitlichen Begrenzung der Bürgschaft können erst im Rückforderungsverfahren geprüft werden. Es ist nicht Aufgabe der Bank.

Merke:
Übernimmt die Bank eine unbefristete Gewährleistungsbürgschaft und verpflichtet sich, auf erste Anforderung zu zahlen, ungeachtet aller Einwände und Einreden von dritter Seite, so darf sie die Bezahlung deshalb ablehnen, weil die Parteien einen Vertrag über die Dauer der Bürgschaft abgeschlossen haben.

Angesprochene Rechtsquellen:

§§ 765, 768 BGB
Stichwort: Bürgschaft auf erste Anforderung
Urteil: BGH vom 31.01.1985 (IX ZR 66/84)

Fall B 36 (+)

Bankbürgschaft; muß sich die Bank verteidigen, wenn der Garantiefall ihrer Meinung nach nicht eingetreten ist?

Bauunternehmer Baufix hat für Eigenheim ein Einfamilienhaus errichtet. Zur Sicherung der Gewährleistungsansprüche des Eigenheim wurde Eigenheim eine Bankbürgschaft eingeräumt. Nach Fertigstellung des Hauses fordert er von der Bank die Auszahlung der Bürgschaftssumme. Die Bank zahlt auch aus. Darüber ist Baufix empört. Er meint, der Garantiefall sei nicht eingetreten und somit sei die Zahlung der Bank rechtsmißbräuchlich gewesen. Aus diesen Gründen hätte die Bank die Zahlung nicht erbringen dürfen. Er verweigert der Bank den Rückgriff auf seine Guthaben und Sicherheiten. Durfte die Bank an Eigenheim auszahlen und kann sie auf die Guthaben und Sicherheiten des Baufix zurückgreifen?

Antwort:
a) Die Bank durfte an Eigenheim auszahlen. Sie ist nicht verpflichtet zu prüfen, ob der materielle Garantiefall eingetreten ist. Dies gilt auch dann, wenn dieser offenkundig nicht eingetreten ist. Die Bank hat ein berechtigtes Interesse daran, im internationalen Zahlungsverkehr als fähiger Bürger angesehen zu werden. Somit kann sie vom Hauptschuldner nicht verpflichtet werden, ihre Bankgeschäfte einzuschränken.
b) Die Interessen des Hauptschuldners bleiben gewahrt. Die Bank ist dann nicht berechtigt, auf die Sicherheiten bzw. das Vermögen des Hauptschuldners zurückzugreifen, wenn offenkundig oder zumindest beweisbar der Garantiefall nicht eingetreten ist. Vorliegend konnte also die Bank zwar auszahlen, jedoch nicht auf die Guthaben und Sicherheiten des Baufix zurückgreifen.

Merke:
Eine Bank, die eine Bankbürgschaft gegeben hat, kann auf erstes Anfordern des Gläubigers hin zwar den Einwand vorbringen, ihre Inanspruchnahme sei rechtsmißbräuchlich, weil offenkundig oder zumindest beweisbar der materielle Garantiefall nicht eingetreten ist, dazu ist sie jedoch nicht verpflichtet. Zahlt sie in einem solchen Fall aus, so kann sie sich nicht am Guthaben des Hauptschuldners freihalten.

Angesprochene Rechtsquellen:

§§ 765 ff BGB
Stichwort: Bürgschaft auf erste Anforderung - Rückgriff auf Guthaben des Bankkunden
Urteil: OLG Frankfurt vom 13.10.1987 (12 U 111/87)

Fall B 37 (+)

Kann eine Bürgschaft auch eine Vertragsstrafe umfassen?

Eigenheim hatte mit Baufix einen Bauvertrag geschlossen. Für die vertragsgemäße Durchführung der Leistungen und die Erfüllung der übernommenen Gewährleistung wurde Eigenheim eine Bankbürgschaft eingeräumt. Im Bauvertrag hat sich Baufix unter Androhung einer Vertragsstrafe zur Einhaltung fester Termine verpflichtet. Nachdem Baufix diese Termine nicht einhalten kann, möchte Eigenheim aus der Bürgschaft die Auszahlung der vereinbarten Vertragsstrafe von der Bank erwirken.

Kann Eigenheim dies verlangen?

Antwort:
Eigenheim kann dies verlangen. Eine Bürgschaft für die vertragsmäßige Durchführung der Leistungen und die Erfüllung der übernommenen Gewährleistung umfaßt, wenn sich der Hauptschuldner zur Einhaltung fester Termine verpflichtet hat, auch eine Vertragsstrafe.

Merke:
Eine Bürgschaft umfaßt dann eine Vertragsstrafe, wenn sie für die vertragsgemäße Durchführung der Leistungen und die Erfüllung der übernommenen Gewährleistung bestellt wird und sich der Hauptschuldner zur Einhaltung fester Termine verpflichtet hat.

Angesprochene Rechtsquellen:

§§ 765 ff BGB
Stichwort: Bürgschaft - Erstreckung auf Vertragsstrafe
Urteil: BGH vom 15.03.1990 (IX ZR 44/89)

Fall B 38 (+)

Genügt eine Bürgschaftserklärung durch Telefax der Schriftform durch §766 Satz 1 BGB?

Eigenheim hatte mit Baufix einen VOB/Bauvertrag geschlossen. Danach sollte Eigenheim eine Bankbürgschaft eingeräumt werden. Einige Tage später geht ein Fax ein, auf dem eine Bürgschaftserklärung abgegeben wurde. Eigenheim verweigert die Annahme mit der Begründung, ein Telefax würde der Schriftform des §766 Satz 1 BGB nicht entsprechen. Er verlangt weiterhin eine schriftliche Bürgschaftserklärung.

Zu Recht?

Antwort:
Tatsächlich ist eine Bürgschaftserklärung durch Telefax nicht genügend. Die Schriftform des §766 Satz 1 BGB ist nicht gewahrt. Das bedeutet, daß eine Bürgschaftserklärung abgegeben durch Telefax eine Bürgschaft nach §765 BGB nicht begründet. Deshalb ist es erforderlich, sich die Bürgschaftserklärung zumindest per Brief zusenden zu lassen (Einschreiben).

Merke:

Eine Bürgschaftserklärung durch Telefax genügt nach Deutschem Recht nicht der Schriftform. Bürgschaftsverträge, zu deren Gültigkeit nach Deutschem Recht die schriftliche Erteilung der Bürgschaftserklärung erforderlich ist, können nach Artikel 11 Abs. 2 und 3 EG BGB auch ohne die Schriftlichkeitsform gültig sein.

Angesprochene Rechtsquellen:

§§ 765 ff BGB
Stichwort: Bürgschaft Telefax Schriftform
Urteil: BGH vom 28.01.1993 (IV ZR 259/91)

Fall B 39 (+)

Kann der Auftraggeber eine Gewährleistungsbürgschaft zurückhalten, obwohl die Gewährleistungsansprüche verjährt sind?

Eigenheim hat mit Baufix einen VOB-Werkvertrag geschlossen. Daraufhin wurde ihm eine Gewährleistungsbürgschaft eingeräumt. Nachdem die Verjährungsfrist für die Gewährleistungsansprüche abgelaufen ist, verlangt die Bank die Bürgschaft zurück. Eigenheim verweigert die Rückgewährung mit der Begründung, er habe die Mängel vor Verjährungsende gerügt.

Kann Eigenheim die Bürgschaft zurückbehalten?

Antwort:
Er kann. Beim VOB-Werkvertrag hat der Auftraggeber wegen Verjährung gerügter Mängel ein Zurückbehaltungsrecht an einer gegebenen Gewährleistungsbürgschaft auch dann, wenn die Gewährleistungsansprüche verjährt sind.

Merke:
Der Auftraggeber kann eine Gewährleistungsbürgschaft auch dann zurückbehalten, wenn die Gewährleistungsansprüche verjährt sind. Voraussetzung ist allerdings, daß er vor Verjährungsende die Mängel gerügt hat.

Angesprochene Rechtsquellen:

§§ 765 ff BGB; § 13 Nr. 4 VOB/B
Stichwort: Bürgschaft - Verjährung der Gewährleistungsansprüche
Urteil: OLG Köln vom 22.06.1993 (22 U 47/93)

Fall B 40 (+)

Kann eine Gewährleistungsbürgschaft auch einen Anspruch auf Leistung eines Vorschusses für die voraussichtlichen Mängelbeseitigungskosten umfassen?

Eigenheim hat bei Bauunternehmer Baufix einen VOB- Bauvertrag geschlossen. Infolgedessen wurde Eigenheim eine Gewährleistungsbürgschaft eingeräumt. Eigenheim möchte wissen, ob die Gewährleistungsbürgschaft ihm auch einen Anspruch auf Leistung eines Vorschusses für die voraussichtlichen Mängelbeseitigungskosten gewährt.

Antwort:
Eine Gewährleistungsbürgschaft kann nach dem mit ihr verfolgten Versicherungszweck auch den Anspruch des Bestellers auf Leistung eines Vorschusses für die voraussichtlichen Mängelbeseitigungskosten (§633 Abs. 3 BGB) umfassen.

Merke:
Eine Gewährleistungsbürgschaft umfaßt auch die Leistung eines Vorschusses für die voraussichtlichen Mängelbeseitigungskosten. Voraussetzung ist allerdings, daß dies mit dem von der Bürgschaft verfolgten Sicherungszweck vereinbar ist.

Angesprochene Rechtsquellen:

§§ 633, 735 BGB
Stichwort: Bürgschaft - Vorschußanspruch zur Mängelbeseitigung
Urteil: BGH vom 05.04.1984 (VII ZR 167/83)

Fall B 41 (+)

Ist bei der Deckung von Firsten und Graten nach der doppelten oder nach der einfachen Menge des Firstes oder Grates abzurechnen?

Zimmerer Platt sollte das Dach des Eigenheim decken. In der Abrechnung mußte Eigenheim jedoch feststellen, daß für die Deckung des Firstes nach der doppelten Länge abgerechnet wurde. Eigenheim meint, dies könne nicht sein und erhebt auch gegenüber Platt entsprechende Zweifel.

Zu Recht?

Antwort:
Wenn die Parteien nichts anderes vereinbart haben, ist die Deckung von First und Graten gemäß DIN 18338 Dachdeckungs- und Dachdichtungsarbeiten (Ausgaben Oktober 1979 und September 1984), ATV-DIN 18338 (Ausgabe September 1988) nicht nach der doppelten, sondern nach der einfachen Länge des Firstes oder Grates abzurechnen.

Merke:
Ohne entsprechende Vereinbarung ist die Deckung von Firsten und Graten gem. DIN 18338 bzw. ATV-DIN 18338 nach der einfachen Menge des Firstes oder Grates abzurechnen.

Angesprochene Rechtsquellen:

§ 632 BGB
Stichwort: Dachdeckungsarbeiten - Abrechnung, Deckung von First und Graten
Urteil: OLG Hamm vom 14.05.1992 (17 U 193/90)

Fall B 42 (+)

Bedeutet die Vereinbarung Schallschutz nach DIN, daß die Mindestanforderungen nach DIN 41 09 genügen?

Bauträger Bauplan veräußert ein Einfamilienhaus. Im Kaufvertrag sichert Bauplan zu, daß der Schallschutz nach DIN gegeben ist. Bauplan hatte angekündigt, daß die Wohnung gehobenen Wohnungsansprüchen genügt. Eigenheim, der das Haus gekauft hatte, mußte jedoch feststellen, daß lediglich die Mindestanforderungen nach DIN 4109 bezüglich des Schallschutzes gegeben waren. Eigenheim meint, dies stelle einen Mangel dar, da die Anforderungen an den Schallschutz inzwischen weit über die Mindestanforderungen hinaus weiterentwickelt worden sind. Aus diesem Grund möchte er den Kaufpreis mindern.

Zu Recht?

Antwort:
Eigenheim kann mindern. Es liegt ein Mangel vor. Die Vereinbarung Schallschutz nach DIN bedeutet nicht ohne weiteres, daß nur die Mindestanforderungen nach DIN 4109 gemeint sind, wenn die übrige Bauausführung entsprechend einer Bauankündigung des Bauträgers gehobenen, modernen Ansprüchen genügt und die Anforderungen an den Schallschutz inzwischen weit über die Mindestanforderungen nach DIN 4109 hinaus weiter entwickelt worden sind.

Merke:
Die Mindestanforderungen an den Schallschutz nach DIN 4109 genügen nicht, wenn die Bauausführung entsprechend einer Ankündigung des Veräußerers den gehobenen modernen Wohnungsansprüchen genügt und die Anforderungen an den Schallschutz inzwischen weit über die Mindestanforderungen von DIN 4109 hinaus weiter entwickelt worden sind.

Angesprochene Rechtsquellen:

§§ 631, 633 BGB
DIN-Normen, Regeln der Baukunst, Schallschutz
Urteil: OLG Stuttgart vom 24.11.1976 (6 U 27/76)

Fall B 43 (+)

Kann der Eigentümer eine Eigentumsverletzung geltend machen, wenn ihm durch die Verletzung keine zusätzlichen Kosten entstanden sind?

Eigenheim ist Eigentümer einer Eigentumswohnung. Eines Tages wurden aufgrund eines Sabotageaktes des Hausmeisters sämtliche Wohnungen von der Sprinkleranlage unter Wasser gesetzt. Dadurch wurden diese für einige Zeit unbewohnbar. Eigenheim entstanden hierdurch keine zusätzlichen Kosten, da er sich zu dieser Zeit im Urlaub befand. Allerdings hatte er die Wohnung seinem Sohn überlassen.

Hat Eigenheim hierdurch einen ersatzfähigen Vermögensschaden erlitten?

Antwort:
Die Frage ist zu bejahen. Eigenheim hat einen ersatzfähigen Vermögensschaden erlitten. Nach Auffassung des Großen Senats kann es über die Fälle der Eigennutzung eines Kraftfahrzeuges hinaus jedenfalls bei Sachen, auf deren ständige Verfügbarkeit die eigenwirtschaftliche Lebenshaltung des Eigentümers derart angewiesen ist, wie auf das von ihm selbst bewohnte Haus oder Eigentumswohnung, derzeit bei Verlust der Möglichkeit zum eigenen Gebrauch infolge eines Eingriffs in das Eigentum bereits ein ersatzfähiger Vermögensschaden sein, sofern der Eigentümer die Sache in der Zeit des Ausfalles entsprechend genutzt hätte. Mit dieser Einschränkung steht einem Geldersatz weder das Gesetz noch Bedürfnis der Rechtssicherheit zwingend entgegen. Vielmehr verlangt ein gerechter und vollständiger Ausgleich der Vermögensschäden, derartige Einbußen nicht entschädigungslos zu lassen.

Merke:
Ein ersatzfähiger Vermögensschaden steht dem Eigentümer einer von ihm selbst genutzten Sache auch dann zu, wenn infolge eines Eingriffes in das Eigentum die Sache vorübergehend nicht benutzt werden kann, ohne daß ihm hierdurch zusätzliche Kosten entstanden sind. Voraussetzung ist lediglich, daß der Eigentümer die Sache in der Zeit des Ausfalls entsprechend genutzt hätte.

Angesprochene Rechtsquellen:

§§ 249, 252, 635 BGB
Stichwort: Eigentumsverletzung, Schadenersatzanspruch, Nutzungsausfall
Urteil: BGH Beschluß vom 09.07.1986 (GSZ 1/86)

Fall B 44 (+)

Wie ist das Volumen eines Bauaushubs zu berechnen, wenn vereinbart ist, den Erdaushub nach Planmaß und Kubikmetern abzurechnen?

Baufix übernimmt die Errichtung des Wohnhauses des Eigenheim. Im Bauvertrag ist vereinbart, Erdaushub und Abfuhr nach Planmaß und Kubikmetern Einheitspreis abzurechnen. In der Abrechnung des Baufix wurde der Erdaushub nach Ladevolumen und Zahl der zur Abfuhr benötigten LKW berechnet. Eigenheim muß feststellen, daß das Planmaß, wonach 200 m³ Erdaushub hätten berechnet werden können, deutlich um 60 m³ überschritten wurde. Mit dieser deutlichen Differenz will er sich nicht abgeben. Deshalb meint er, die Berechnungsart des Baufix sei nicht statthaft.

Zu Recht?

Antwort:
Eigenheim bemängelt die Art und Weise der Abrechnung zu Recht. Dadurch, daß Baufix den Bauaushub nach Lagevolumen und Zahl der zur Abfuhr benötigten LKW berechnet hat, war die Abrechnung überhöht. Durch Ausschachten und Abkippen wurde das Erdreich deutlich aufgelockert und dadurch das Volumen um 20 bis 30% erhöht. Errechnet man hieraus die Vergütung, so kommt man eindeutig zu einer Zuvielforderung des Baufix. Die Gebührenrechnung ist somit überhöht.

Merke:
Ist vereinbart, Erdaushub und Abfuhr nach Planmaß und Kubikmetern Einheitspreis abzurechnen, dann darf nicht nach Ladevolumen und Zahl der zur Abfuhr benötigten LKW berechnet werden.

Angesprochene Rechtsquellen:

§ 631 BGB
Stichwort: Erdarbeitenabrechnung, Erdaushub und -abfuhr
Urteil: OLG Koblenz vom 10.03.1992 (3 U 1016/91)

Fall B 45 (+)

Ist der Vorunternehmer im Verhältnis zum Nachfolgeunternehmer Erfüllungsgehilfe des Auftraggebers?

Bauunternehmer Baufix sollte für Eigenheim den Rohbau errichten. Die darauffolgenden Elektroinstallationsarbeiten sollten vom Elektroinstallateur Stromer erbracht werden. Aufgrund eines Verschuldens des Baufix verzögern sich die Arbeiten am Rohbau, so daß Stromer erst erheblich später mit seinen Arbeiten beginnen kann. Dadurch ist ihm ein Schaden entstanden. Diesen Schaden möchte er nun von Eigenheim ersetzt verlangen, da er meint, Eigenheim hätte sich das Verschulden des Baufix zuzurechnen.

Zu Recht?

Antwort:
Eigenheim hat sich hier nicht schadenersatzpflichtig gemacht. Er hat nicht für das Verschulden des Baufix einzustehen. Das bedeutet, eine Einstandspflicht des Eigenheim nach §278 BGB ist in solchen Fällen regelmäßig nicht gegeben. Etwas anderes kann - so das Gericht - jedoch dann gelten, wenn aufgrund besonderer Umstände davon auszugehen ist, daß der Auftraggeber dem Nachfolgeunternehmer gegenüber etwa für die mangelfreie oder fristgemäße Erbringung der Vorleistung einstehen will. Hierfür bedarf es aber hinreichender Anhaltspunkte. Solche Anhaltspunkte sind hier nicht ersichtlich.

Merke:

Der Vorunternehmer ist im Verhältnis zum Nachfolgeunternehmer nicht Erfüllungsgehilfe des Auftraggebers. Das bedeutet, der Auftraggeber muß sich ein etwaiges Verschulden des Vorunternehmers nicht anrechnen lassen.

Angesprochene Rechtsquellen:

§ 6 Nr. 6 VOB/B; § 278 BGB
Stichwort: Erfüllungsgehilfe, Vorunternehmer, Behinderung
Urteil: BGH vom 27.06.1985 (VII ZR 23/84)

Fall B 46 (+)

Wann wird ein Werklohnanspruch fällig?

Baufix hatte für Eigenheim ein Einfamilienhaus errichtet. Die Abnahme gem. §640 BGB ist bereits erfolgt. Trotzdem muß Eigenheim noch einige Mängel feststellen. Aus diesem Grund verweigert er die Bezahlung der Schlußrechnung des Baufix mit der Begründung, daß die Werklohnforderung des Baufix wegen Mangelhaftigkeit der Werkleistung noch nicht fällig sei.

Zu Recht?

Antwort:
Eigenheim kann zwar ein Zurückbehaltungsrecht gem. §320 BGB bezüglich des mangelhaften Teiles der Leistung geltend machen, die Werklohnforderung an sich ist jedoch bereits fällig. Der Werklohnanspruch ist nur dann noch nicht fällig, wenn die Leistung unfertig oder mangelhaft ist und deshalb berechtigterweise noch nicht abgenommen wird. Anders verhält es sich jedoch hier, da hier die Abnahme bereits erfolgt ist. Hier kann Eigenheim lediglich noch ein Zurückbehaltungsrecht gem. §320 bezügl. des mangelhaften Teils der Leistung geltend machen.

Merke:
Der Werklohnanspruch wird regelmäßig mit Abnahme fällig. Danach kann der Besteller bezüglich des mangelhaften oder noch nicht erfolgten Teils der Leistung lediglich noch ein Zurückbehaltungsrecht gem. §320 BGB geltend machen. Wichtig ist in diesem Zusammenhang, daß er das Zurückbehaltungsrecht geltend macht. Es bedarf eines Tuns des Bestellers. Nur dann steht es ihm zu.

Angesprochene Rechtsquellen:

§ 320 BGB
Stichwort: Fälligkeit, Abnahme, Zurückbehaltungsrecht
Urteil: OLG Köln vom 08.07.1992 (11 U 53/92)

Fall B 47 (+)

Wann wird der Werklohn fällig, wenn ein VOB-Bauvertrag vorzeitig beendigt wird?

Baufix sollte für Eigenheim wieder einmal ein Einfamilienhaus errichten. Dazu wurde ein VOB-Bauvertrag geschlossen. Aufgrund diverser Unstimmigkeiten kommt es zur vorzeitigen Beendigung des VOB-Bauvertrages. Zwei Monate später stellt Baufix seine Schlußrechnung für das unfertige Werk. Diesem Zahlungsverlangen des Baufix kommt Eigenheim zunächst nicht nach. Daraufhin verlangt Baufix auch noch Zinsen ab dem Zeitpunkt der Vertragsauflösung. Dies verweigert Eigenheim ebenfalls.

Hat Baufix einen Anspruch auf die Zinsen ab Kündigung des VOB-Bauvertrages?

Antwort:
Baufix kann die Zinsen nicht wie gewünscht verlangen. Ausschlaggebend für einen Zinsanspruch ist wieder die Fälligkeit der Vergütung für die erbrachten Leistungen. Im Normalfall wird die Werklohnforderung mit Abnahme des Werkes fällig. Bei vorzeitiger Beendigung eines VOB-Bauvertrages wird es in der Regel keine Abnahme geben. Somit kann die Werklohnforderung des Unternehmers erst mit Erteilung einer Schlußrechnung gem. §16 Nr. 3 Abs. 1, Satz 1 VOB/B fällig werden. Folglich kann er auch erst ab diesem Zeitpunkt Zinsen verlangen.

Merke:
Grundsätzlich wird eine Werklohnforderung mit Abnahme des Werkes fällig. Etwas anderes gilt nur dann, wenn der Werkvertrag vorzeitig beendet wird, da es in der Regel in diesem Fall zu einer Abnahme nicht kommt. In diesem Fall wird die Werklohnforderung mit Erteilung einer Schlußrechnung gem. §16 Nr. 3, Abs. 1, Satz 1 VOB/B fällig.

Angesprochene Rechtsquellen:

§§ 16 Nr. 3, 6 Nr. 7, 8 Nr. 6, 9 Nr. 3 VOB/B Stichwort: Fälligkeit, Kündigung Urteil: BGH vom 09.10.1986 (VII ZR 249/85)

Fall B 48 (+)

Kann der Fertighaushersteller durch AGB-Klausel den individuell vereinbarten Liefertermin um bis zu 6 Wochen verschieben?

Eigenheim hat mit Fertighaushersteller Baugut einen Fertighausvertrag abgeschlossen. Es wird vereinbart, daß das Haus bis zum 30.05.1992 geliefert wird. In den allgemeinen Geschäftsbedingungen des Baugut heißt es u.a., daß der individuell vereinbarte Liefertermin um bis zu 6 Wochen hinausgeschoben werden kann. Als sich Mitte Juni noch immer keine Auslieferung abzeichnet, mahnt Eigenheim die Lieferung des Fertighauses an und setzt Baugut eine Frist bis zum 30.06. Danach werde er vom Vertrag Abstand nehmen und evtl. Schadenersatzansprüche geltend machen. Baugut meint unter Hinweis auf seine AGB-Klausel, ein Verzug wäre nicht möglich. Eine Kündigung ist aus diesem Grunde nicht wirksam.

Zu Recht?

Antwort:
Eigenheim kann durchaus kündigen. Die von Baugut verwendete Klausel benachteiligt Eigenheim entgegen den Geboten von Treu und Glauben aus §242 BGB unangemessen und ist daher gem. §9 AGB-Gesetz unwirksam. Eine Kündigung durch Eigenheim wäre somit wirksam.

Merke:
Durch allgemeine Geschäftsbedingungen kann der Fertighaushersteller die Auslieferung des Fertighauses nicht bis zu 6 Wochen über den individuell vereinbarten Liefertermin hinaus verschieben.

Angesprochene Rechtsquellen:

§§ 9 AGB-Gesetz
Stichwort: Fertigstellungstermin, Fertighaushersteller, Fristverlängerungsklausel AGB-Gesetz
Urteil: BGH vom 28.06.1984 (VII ZR 276/83)

Fall B 49 (+)

Ist eine AGB-Klausel wirksam, aus der der Besteller bei Vertragsschluß nicht erkennen kann, in welchem Umfang Preiserhöhungen auf ihn zukommen?

Eigenheim schließt mit Baufix einen Formularvertrag über die Errichtung eines Bauwerkes zu einem Festpreis. Dieser Festpreis soll lt. AGB-Bestimmung nur dann gelten, wenn bis zu einem bestimmten Zeitpunkt mit dem Bau begonnen werden kann. Bei Überschreitung des Festpreistermines soll der Gesamtpreis um 10% erhöht werden, zu dem der Unternehmer entsprechende Bauwerke zum Zeitpunkt des Baubeginns nach der dann gültigen Preisliste anbietet. Da sich der Baubeginn über den vereinbarten Zeitpunkt hinaus verschob, macht Baufix in seiner Schlußrechnung einen Gesamtpreis geltend, der um den Prozentsatz erhöht ist, zu dem Baufix entsprechende Bauwerke zum Zeitpunkt des Baubeginns nach der gültigen Preisliste anbietet. Eigenheim wundert sich über die Schlußrechnung. Ist doch die Gesamtsumme deutlich über dem vereinbarten Festpreis. Als er dies moniert, weist Baufix lediglich auf seine AGB-Bestimmung hin. Eigenheim gibt sich hiermit nicht zufrieden und zweifelt die Gültigkeit dieser Klausel an.

Ist diese Klausel wirksam?

Antwort:
Die Klausel des Baufix verstößt gegen das Gebot aus Treu und Glauben nach §242 BGB und ist daher gemäß §9 AGB-Gesetz unwirksam. Diese Klausel ermöglicht Baufix, über die Abwicklung der konkreten Kostensteigerungen hinaus die vereinbarte Festpreisvergütung ohne jede Begrenzung einseitig anzuheben. Preisänderungsklauseln müssen jedoch derart gefaßt sein, daß der Bauherr bereits bei Vertragsabschluß erkennen kann, in welchem Umfang Preiserhöhungen auf ihn zukommen können.

Merke:
Eine Baupreisklausel, aus der der Besteller bei Vertragsabschluß nicht erkennen kann, in welchem Umfang Preiserhöhungen auf ihn zukommen können, verstößt gegen §9 AGB-Gesetz und ist daher unwirksam.

Angesprochene Rechtsquellen:

§ 9, 11 Nr. 1 AGB-Gesetz Stichwort: Festpreis Erhöhung bei Bauverzögerung, AGB-Gesetz Urteil: BGH vom 20.05.1985 (VII ZR 198/84)

Fall B 50 (+)

Kann der Bauherr Zahlungen an seine finanzierende Bank verweigern, wenn die Baufirma ihrer Leistungspflicht wegen Konkurs nicht nachkommt?

Eigenheim hat mit Bauunternehmer Baufix einen Bauvertrag geschlossen. Zur Finanzierung wurde Eigenheim von Baufix die B-Bank angepriesen. Daraufhin schließt Eigenheim einen Darlehensvertrag mit dieser Bank über die Finanzierung. Noch vor Baubeginn geht Firma Baufix in Konkurs. Trotzdem war ein Teil des Darlehens bereits an Baufix von dieser Bank ausgezahlt worden. Diese verlangt nun von Eigenheim die entsprechenden Darlehensrückzahlungen. Eigenheim verweigert die Zahlung dieser Forderungen der Bank unter Hinweis darauf, daß die Leistungen aus dem Bauvertrag nicht erbracht werden. Muß sich die Bank damit abfinden?

Antwort:
Ja sie muß. Die B-Bank und die Firma Baufix traten hier als eine wirtschaftliche Einheit auf. Dies hat zur Folge, daß Bauherr Eigenheim die Einreden, die ihm gegenüber Baufix zustehen, auch gegenüber der Bank vorbringen kann, wenn die Firma Baufix, aus welchen Gründen auch immer, wegfällt. Ein solcher Grund ist z.B. Konkurs. Nicht ausreichend wäre z.B., wenn er die Firma Baufix lediglich auf Leistungserbringung verklagen müßte. Hier ist die Firma Baufix jedoch in Konkurs gegangen. Darüber hinaus stellen die Firma Baufix und die B-Bank eine wirtschaftliche Einheit dar. Aus diesen Gründen kann Eigenheim die Bezahlung der Darlehensraten an die B-Bank verweigern.

Merke:
Der Bauherr muß fällige Darlehensraten an die finanzierende Bank dann nicht zurückzahlen, wenn der Bauunternehmer seine Leistung wegen Konkurses nicht mehr erbringt und der Bauunternehmer mit der B-Bank eine wirtschaftliche Einheit darstellt. Eine wirtschaftliche Einheit liegt bereits dann vor, wenn der Bauunternehmer die B-Bank dem Bauherrn anpreist und sich dieser dann auch an diese Bank hält.

Angesprochene Rechtsquellen:

§§ 320, 322 BGB
Stichwort: Finanzierter Werkvertrag - Einwendungsfrist, Fertighausvertrag
Urteil: BGH vom 10.07.1986 (III ZR 19/85)

Fall B 51 (+)

Ist eine AGB-Klausel wirksam, wonach 70% des Preises bei Anlieferung vor der Montage fällig werden?

Eigenheim hat für seinen Neubau ein schmiedeeisernes Geländer für seine Innentreppe bei Schlossermeister Hart bestellt. In den allgemeinen Geschäftsbedingungen von Hart heißt es: „Bei Montage unsererseits werden 70% des Preises bei Anlieferung vor der Montage fällig." Bis Hart das Geländer liefert, verlangt er die Zahlung von 70% des Gesamtpreises, ansonsten würde er die Montage verweigern. Eigenheim meint, da eine Übereignung und die Prüfbarkeit auf Mängel nur dann sichergestellt ist, wenn die Montage erfolgt ist, könne sich hier Hart nicht auf seine AGB-Klausel berufen.

Zu Recht?

Antwort:
Die Auffassung von Eigenheim ist korrekt. Eine derartige Klausel, wie sie Hart verwendet, ist unwirksam, wenn die Übereignung und Prüfbarkeit auf Mängel nicht sichergestellt ist.

Merke:
Bei Verwendung der AGB-Klausel „bei Montage unsererseits wird 70% des Gesamtpreises bei Anlieferung vor der Montage fällig" muß die Übereignung und Prüfbarkeit auf Mängel sichergestellt sein. Ansonsten ist diese Klausel nicht wirksam.

Angesprochene Rechtsquellen:

§ 641 BGB; § 9 AGB-Gesetz
Stichwort: AGB-Klausel - Fälligkeit vor Montage
Urteil: OLG Schleswig vom 09.03.1994 (9 U 116/93)

Fall B 52 (+)

Kann die Nichterteilung der Baugenehmigung ein Rücktrittsgrund für den Rücktritt vom Generalübernehmervertrag sein?

Eigenheim schließt mit Generalübernehmer Wertig einen Generalübernehmervertrag. Nach diesem Vertrag ist Wertig für die Erteilung der Baugenehmigung verantwortlich. Als diese jedoch nicht erteilt wird, erklärt Eigenheim seinen Rücktritt vom Vertrag. Wertig meint, da die VOB/B vereinbart sei, wäre ein Rücktritt ausgeschlossen.

Zu Recht?

Antwort:
Der Rücktritt des Eigenheim ist berechtigt. Ist die Planung des Generalübernehmers nicht genehmigungsfähig und wird somit die Baugenehmigung verweigert, so ist die Leistung des Generalübernehmers nachträglich unmöglich im Sinne der §§323 ff BGB. Somit kann er grundsätzlich auch vom Vertrag gem. §325 Abs. 1 BGB zurücktreten. Allerdings ist es gemäß §325 Abs. 1 BGB auch möglich, Schadenersatz wegen Nichterfüllung zu verlangen.

Merke:
Ist die einem Generalübernehmervertrag zugrunde liegende Planung nicht genehmigungsfähig, so ist die Leistung des Generalübernehmers nachträglich unmöglich im Sinne der §§323 ff BGB. Ist der Generalübernehmer für die Baugenehmigung verantwortlich, so fällt die Versagung in seinen Risikobereich. Der Bauherr kann dann gemäß §325 Abs. 1 Schadenersatz wegen Nichterfüllung verlangen oder vom Vertrag zurücktreten. An diesem Ergebnis ändert sich nichts dadurch, daß zwischen den Parteien die VOB/B vereinbart ist.

Angesprochene Rechtsquellen:

§§ 325, 635 BGB
Stichwort: Baugenehmigung - Generalübernehmervertrag
Urteil: KG Berlin vom 06.10.1989 (7 U 2740/89)

Fall B 53 (+)

Hat der Handwerker Maßnahmen zu ergreifen, um Verschmutzungen zu vermeiden?

Malermeister Klecks soll für Klein dessen Wohnung neu tapezieren bzw. streichen. Klein wohnt als Mieter in der Wohnung von Groß. Bei der Ausführung der Arbeiten kommt es zu Farbflecken auf dem Teppichboden. Dieser gehört dem Vermieter Groß. Groß möchte nun diesen Schaden von Klecks ersetzt haben. Dieser verweigert eine Zahlung, da er meint, mangels vertraglicher Ansprüche seien Schäden nicht zu ersetzen, darüber hinaus wären Ansprüche gegen ihn nicht gegeben.

Zu Recht?

Antwort:
Klecks wird hier dem Eigentümer Groß Schadenersatz leisten müssen. Es gehört zu den unverzichtbaren Vorbereitungshandlungen des Handwerkers, vor Aufnahme der Arbeiten Maßnahmen zu ergreifen, um Verschmutzungen zu vermeiden, die die typische Folge der Ausführung der Werkleistung sind. So z.B. beim Malermeister, der dafür Sorge tragen muß, daß der Teppichboden nicht durch Farbe beschädigt wird. Eine Eigentumsverletzung im Sinne des §823 Abs. 1 BGB ist nur dann zu bejahen, wenn das Interesse des Sachherrn an dem Zustand der Sache beeinträchtigt wird und ihm ein nicht unerheblicher Instandsetzungsaufwand entsteht. So z.B. hier beim Teppichboden, wenn sich die Farbe nur schwer entfernen läßt oder ein entsprechend großes Stück Teppich mit Farbklecksen verunreinigt ist.

Merke:
Der Handwerker hat regelmäßig vor Aufnahme der Arbeiten Maßnahmen zu ergreifen, die Verschmutzungen, welche die typische Folge der Ausführung der Werkleistung sind, zu vermeiden. Eine Eigentumsverletzung im Sinne des §823 Abs. 1 BGB ist dann zu bejahen, wenn das Interesse des Sachherrn an dem Zustand der Sache beeinträchtigt wird und ihm ein nicht unerheblicher Instandsetzungsaufwand entsteht.

Angesprochene Rechtsquellen:

§§ 631, 823 BGB
Stichwort: Eigentumsverletzung - Verschmutzungen, Schutzpflicht des Werkunternehmers
Urteil: OLG Düsseldorf vom 17.03.1994 (5 U 233/93)

Fall B 54 (+)

Bedarf ein Fertighausvertrag der notariellen Beurkundung, wenn das Baugrundstück erst noch erworben werden muß?

Bauherr Eilig schließt mit Fertighaushersteller Schnellbau einen Vertrag über die Errichtung eines Fertighauses. Es wird vereinbart, daß sich Eilig selbständig um ein Baugrundstück bemühen wird und daß er sich vom Vertrag lösen könne, wenn er kein passendes Grundstück findet und dies nachweisen kann. Der Vertrag wird nicht notariell beurkundet. Fünf Monate später wird Eilig fündig. Er verlangt nun von Schnellbau die Errichtung des Fertighauses laut Vertrag. Für Schnellbau ist dieser Vertrag aus bestimmten Gründen nicht mehr lohnenswert, so daß die Firma Schnellbau erklärt, daß der Vertrag zwischen Eilig und Schnellbau wegen mangelnder notarieller Beurkundung nichtig sei.

Zu Recht?

Antwort:
Der Fertighausvertrag ist gültig. Er bedarf nicht der notariellen Beurkundung, wenn das Baugrundstück erst noch erworben werden muß und sich der Besteller innerhalb der ersten 6 Monate nach Vertragsschluß bei gleichzeitigem Nachweis, sich um das Grundstück bemüht zu haben, vom Vertrag lösen darf. Ein solcher Sachverhalt liegt vor, so daß Schnellbau an den Fertighausvertrag gebunden ist.

Merke:
Ein Vertrag über die Errichtung eines Fertighauses bedarf nicht immer der notariellen Beurkundung. Vielmehr kann sie entfallen, wenn das Baugrundstück erst noch erworben werden muß und sich der Besteller vom Vertrag lösen darf, sollte er kein Grundstück finden.

Angesprochene Rechtsquellen:

§ 313 BGB
Stichwort: Fertighausvertrag - notarielle Beurkundung
Urteil: OLG Koblenz vom 14.10.1993 (6 U 1763/91)

Fall B 55 (+)

Hat der Unternehmer einen Schadenersatzanspruch, wenn ihm fehlerhafte Angebotsunterlagen überlassen wurden?

Eigenheim möchte sich ein Haus bauen. Dazu holt er verschiedene Angebote ein. Unter anderem auch von Unternehmer Baufix, mit dem er schließlich handelseinig wird. Wie sich jedoch herausstellt, waren die Berechnungen des umbauten Raumes im Angebot fehlerhaft. Die Kubikmeterangaben des Angebotes waren für seine Kalkulation von entscheidender Bedeutung, so daß der Angebotspreis erheblich zu niedrig war.

Hat Baufix einen Schadenersatzanspruch gegen Eigenheim wegen der fehlerhaften Angebotsunterlagen?

Antwort:
Ein Schadenersatzanspruch des Baufix scheidet hier aus. Ein Schadenersatzanspruch des Baufix wegen fehlerhafter Angebotsunterlagen setzt enttäuschtes Vertrauen voraus. Kalkuliert er den Preis anhand der Baueingabepläne, so muß er die Berechnung des umbauten Raumes prüfen. Nimmt er die Berechnung unbesehen hin, obwohl die Kubikmeterangabe für seine Kalkulation entscheidende Bedeutung hat, handelt er auf eigenes Risiko. Ein Schadenersatzanspruch wegen fehlerhafter Berechnung scheidet dann aus. Somit hat Baufix hier keinen Schadenersatzanspruch gegen Eigenheim.

Merke:
Ein Schadenersatzanspruch des Unternehmers wegen fehlerhafter Angebotsunterlagen ist dann zu bejahen, wenn er in einem Vertrauen enttäuscht wurde. Ein solches Vertrauen kann sich nicht auf die Berechnungen in diesem Angebot beziehen, wenn diese Berechnungen für seine Kalkulation entscheidende Bedeutung haben.

Angesprochene Rechtsquellen:

§§ 249, 246, 276 BGB
Stichwort: Leistungsbeschreibung - Verschulden bei Vertragsabschluß, Kalkulationsirrtum
Urteil: OLG Karlsruhe vom 29.12.1989 (8 U 5/88)

Fall B 56 (+)

Kann ein Preisvorbehalt eine Festpreisvereinbarung verdrängen?

Eigenheim hatte mit Baufix einen Bauvertrag abgeschlossen. Darin wurde ein Festpreis vereinbart. Daneben war jedoch vereinbart, daß unter Umständen, welche nicht näher bestimmt wurden, Preiserhöhungen möglich sein sollen. Als nun die Lohn- und Materialkosten des Baufix stiegen, wollte er diese Mehrkosten auf den Festpreis aufschlagen. Damit ist Eigenheim nicht einverstanden und verweigert die Bezahlung.

Zu Recht?

Antwort:
Eigenheim verweigert die Bezahlung zu Recht. Zwar ist ein Preisvorbehalt gegenüber einer Festpreisvereinbarung grundsätzlich möglich, allerdings müssen dann die tatsächlichen Voraussetzungen, unter denen der Festpreis wegfallen soll, eindeutig festgelegt werden. Ebenso muß vereinbart sein, was anstelle des Festpreises Vertragsinhalt werden soll. Dies ist vorliegend nicht der Fall, so daß es bei der Festpreisvereinbarung bleibt.

Merke:
Ein Preisvorbehalt kann gegenüber einer Festpreisvereinbarung nur dann geltend gemacht werden, wenn die tatsächlichen Voraussetzungen, unter denen der Festpreis wegfallen soll, eindeutig festgelegt worden sind. Ebenso muß vereinbart sein, was anstelle des Festpreises Vertragsinhalt werden soll.

Angesprochene Rechtsquellen:

§ 2 Nr. 1 VOB/B
Stichwort: Lohn- und Materialpreisgleitklausel - Preisvorbehalt, Voraussetzungen
Urteil: OLG Köln vom 18.02.1994 (19 U 216/93)

Fall B 57 (+)

Wonach bemißt sich der materielle Kostenerstattungsanspruch des Bauherrn für Mängelbeseitigungskosten?

Eigenheim hatte mit Bauunternehmer Baufix einen Bauvertrag geschlossen. Im Zuge der Abwicklung ergeben sich einige Schwierigkeiten. Im Ergebnis führt es dazu, daß Eigenheim einen Kostenerstattungsanspruch für Mängelbeseitigungskosten gegenüber Baufix hat. Es stellt sich nun die Frage, was die Grundlage für die Berechnung der Mängelbeseitigungskosten ist.

Antwort:
Der materielle Kostenerstattungsanspruch eines Bauherrn für Mängelbeseitigungskosten bemißt sich nach der Erforderlichkeit dieser Aufwendungen. Welche Aufwendungen im Sinne des §633 Abs. 3 BGB als erforderlich anzusehen sind, ist nach objektiven Maßstäben aus der Sicht des Bestellers zum Zeitpunkt der Durchführung der Mängelbeseitigung zu beurteilen. Erforderlich ist danach derjenige Aufwand, welchen der Besteller zum Zeitpunkt der Mängelbeseitigung als vernünftiger, wirtschaftlich denkender Bauherr aufgrund sachkundiger Beratung oder Feststellung zur Mängelbeseitigung aufwenden durfte und mußte, wobei es sich um eine vertretbare Maßnahme der Schadensbeseitigung handeln muß.

Merke:
Der materielle Kostenerstattungsanspruch eines Bauherrn für Mängelbeseitigungskosten bemißt sich nach der Erforderlichkeit dieser Aufwendung. Erforderlich ist alles, was der Bauherr zum Zeitpunkt der Mängelbeseitigung als vernünftiger und wirtschaftlich denkender Bauherr aufgrund sachkundiger Beratung oder Feststellung zur Mängelbeseitigung aufwenden durfte und mußte.

Angesprochene Rechtsquellen:

§ 633 BGB
Stichwort: Mängelbeseitigungskosten - Erforderliche Aufwendungen, Untersuchungen
Urteil: OLG Hamm vom 18.06.1993 (26 U 198/93)
Urteil: OLG Hamm vom 29.06.1993 (26 U 198/93)

Fall B 58 (+)

Kann die Montage von WC und Dusche an der Trennwand einer Doppelhaushälfte ein Fehler im Sinne von §459 BGB sein?

Egon Kurz und Erich Lang sind die Bauherren eines Doppelhauses. Die notwendigen Wasserinstallationen werden von Installateurmeister Röhrich durchgeführt. Dabei wird ein WC und eine Duschtasse unmittelbar an der Trennwand der Doppelhaushälften angeordnet. Nach Fertigstellung des Doppelhauses ziehen die Bauherren ein. Eines Tages, als Kurz die Toilette benutzte, vernimmt er plötzlich seltsame Geräusche. Wie er feststellt, kommen diese aus dem Nachbarhaus. Es zeigt sich, daß der Schallschutz mangelhaft ist. Aus diesem Grund läßt Kurz eine schalldämmende Vorsatzschale errichten.

Kann er die hierfür verwendeten Aufwendungen als Schaden gem. §635 BGB geltend machen?

Antwort:
Die Aufwendungen stellen einen unter §635 BGB fallenden Mangelfolgeschaden dar. Kurz kann also von Installateurmeister Röhrich Schadenersatz wegen Nichterfüllung gem. §635 BGB verlangen.

Merke:
Hat ein Installateur ein WC oder eine Dusche unmittelbar an der Trennwand zweier Doppelhaushälften so angeordnet, daß bei deren bestimmungsgemäßer Nutzung die nach DIN 4109 zulässigen Schallschutzwerte in der anderen Doppelhaushälfte überschritten werden, dann stellen die Aufwendungen für die Errichtung einer schalldämmenden Vorsatzschale einen unter §635 BGB fallenden Mangelfolgeschaden dar.

Angesprochene Rechtsquellen:

§ 635 BGB Stichwort: Mangelfolgeschaden - Vorsatzschaden zur Schalldämmung Urteil: OLG Düsseldorf vom 25.03.1994 (22 U 159/93)

Fall B 59 (+)

Wann verjähren Schäden, die ein Baubetreuer durch eine zu nahe Anpflanzung eines Ahornbaumes an einer Abwasserleitung verursacht hat?

Eigenheim ließ sich ein Haus bauen. Bei der Gartengestaltung ließ der bestellte Baubetreuer einen Ahornbaum anpflanzen. Wie sich einige Jahre später herausstellte, wurde dieser Ahornbaum zu nahe an einer Abwasserleitung angepflanzt, was zur Folge hatte, daß diese Abwasserleitung beschädigt wurde. Eigenheim verlangt nun Ersatz der ihm hieraus entstandenen Schäden. Der Baubetreuer wendet ein, daß solche Schäden unter die Schadensregelung des §635 BGB fallen und somit gemäß §638 Abs. 1 nach 6 Monaten verjährt seien.

Zu Recht?

Antwort:
Tatsächlich sind hier die Ansprüche noch nicht verjährt. Bei dem o.g. Schaden handelt es sich um einen sog. mittelbaren Mangelfolgeschaden. Diese Schäden fallen nicht unter die Regelung der §§635, 638 BGB. Vielmehr sind solche Schäden über das Rechtsinstitut der PVV zu ersetzen. Für derartige Ansprüche gilt nicht die Verjährungsklausel des §638 BGB, sondern hier gilt die normal lange Verjährung des §195 BGB. Danach verjähren die Ansprüche aus PVV nach 30 Jahren.

Merke:
Schäden, die ein Baubetreuer durch eine zu nahe Anpflanzung eines Ahornbaumes an einer Abwasserleitung verursacht, sind mittelbare Mangelfolgeschäden. Solche Folgeschäden verjähren in 30 Jahren.

Angesprochene Rechtsquellen:

§§ 635, 638 BGB
Stichwort: Mangelfolgeschaden - Wurzel in Abwasserleitungen, Baubetreuerhaftung
Urteil: LG Tübingen vom 28.02.1994 (1 S 312/93)

Fall B 60 (+)

Muß derjenige, der einen Gartenteich anlegt, die Fließrichtung des Oberflächenwassers auf dem Grundstück beachten?

Gärtnermeister Bäumel sollte für Eigenheim einen Gartenteich anlegen. Da er hierbei die Fließrichtung des Oberflächenwassers auf dem Grundstück nicht beachtet hatte, kam es zu einem Überschwemmungsschaden, indem das Oberflächenwasser in das auf dem Grundstück stehende Haus eindrang.

Hat Bäumel diesen Schaden zu verantworten?

Antwort:
Bäumel hat den Schaden zu tragen. Der Gartenteich ist mangelhaft, da Bäumel bei dessen Errichtung die Fließrichtung des Oberflächenwassers auf dem Grundstück nicht beachtet hat.

Merke:
Berücksichtigt ein Gärtnermeister bei der Anlage eines Gartenteiches die Fließrichtung des Oberflächenwassers auf dem Grundstück nicht, so ist er, soweit ihn ein Verschulden trifft, für einen daraus entstehenden Überschwemmungsschaden verantwortlich.

Angesprochene Rechtsquellen:

§ 635 BGB
Stichwort: Mangelhafte Bauleistung - Gartenteich-Überschwemmungsschaden, Planungsfehler
Urteil: OLG Köln vom 19.01.1994 (13 U 171/93)

Fall B 61 (+)

Muß der Estrich-Hersteller prüfen, ob der Aufbau der Balkonfläche die erforderliche Abdichtung gegen Niederschläge hat?

Eigenheim hat sich ein Haus errichtet. Um nun seinen Balkon zu vollenden, beauftragt er den Unternehmer Dichter mit der Herstellung des Oberbelages auf seinem Außenbalkon. Nach Abschluß der Arbeiten muß Eigenheim feststellen, daß das hergestellte Werk völlig mißlungen und für ihn völlig wertlos ist. Grund hierfür ist, daß der vorhandene Aufbau der Balkonflächen die erforderliche Abdichtung gegen Niederschläge nicht gewährleistet und nicht als Grundlage des herzustellenden Oberbelages taugt. Eigenheim verweigert deshalb die Bezahlung des Werkhonorars. Dichter meint jedoch, die Planung und Herstellung des Balkonaufbaus sei Aufgabe des Unternehmers bzw. in diesem Falle im Gefahrenbereich des Eigenheim, so daß sich dieser zumindest ein Mitverschulden anrechnen lassen muß.

Kann Eigenheim die Bezahlung in vollem Umfang verweigern?

Antwort:
Hier kann Eigenheim die Bezahlung im ganzen verweigern. Darüber hinaus kann er auch die Kosten für die Beseitigung des Oberbelages verlangen. Es ist nämlich regelmäßig Aufgabe des Unternehmers, sich vor Ausführung der Arbeiten davon zu überzeugen, daß der vorhandene Aufbau der Balkonflächen die erforderliche Abdichtung gegen Niederschläge gewährleistet und als Grundlage des herzustellenden Oberbelages taugt. Allerdings muß sich grundsätzlich der Auftraggeber ein Mitverschulden anrechnen lassen, das darin besteht, daß der Architekt, mit dem er die vorherige Abdichtung der Balkonflächen nicht angeordnet hat, einen schwerwiegenden Planungsfehler begangen hat.
Auf dieses Mitverschulden kommt es dann nicht an, wenn das Werk völlig mißlingt und für den Auftraggeber wertlos ist. In diesem Fall kann der Auftraggeber Schadenersatz nach §13 Nr. 7 VOB/B verlangen, der die Kosten für dessen Beseitigung und Rückzahlung des unnütz aufgewandten Werklohnes umfaßt.

Merke:
Der Hersteller eines Oberbelages auf Außenbalkonen hat regelmäßig vor Ausführung seiner Arbeit zu prüfen, ob der vorhandene Aufbau der Balkonfläche die erforderliche Abdichtung gegen Niederschläge gewährleistet und als Grundlage des herzustellenden Oberbelages taugt.

Angesprochene Rechtsquellen:

§§ 4 Nr. 3, 13 Nr. 3, 13 Nr. 7 VOB/B; § 254 BGB
Stichwort: Mangelhafte Bauleistung - Planungsfehler, Hinweispflicht
Urteil: OLG Düsseldorf vom 17.12.1993 (22 U 119/93)

Fall B 62 (+)

Liegt ein Fehler vor, wenn ein schalldämmender Trockenestrich geschuldet wird, jedoch im Ergebnis keine Trittschalldämmung erzielt wird?

Eigenheim hatte sich ein Fertighaus errichten lassen. Die notwendigen Estricharbeiten sollten von der Firma Schleicher vorgenommen werden. Es war vereinbart, daß eine Fußbodenkonstruktion der Aufbaustärke 40 mm, wärme- und schalldämmender elementierter Trockenestrich endbehandelt eingebaut wird. Daraufhin beginnt Schleicher seine Arbeiten und verlegt den Estrich auf Polystyrolhartschaum. Eigenheim fragt beim Hersteller nach, ob durch diesen Untergrund eine Trittschalldämmung bei Leichtdecken erzielt wird. Dieser muß diese Anfrage jedoch verneinen, eine Verbesserung der Trittschalldämmung kann durch diesen Estrich auf Polystyrolhartschaum nicht festgestellt werden. Wie Eigenheim in seinen Recherchen herausfindet, verbessert sich die Trittschalldämmung erheblich, wenn der Estrich auf hochverdichteter Mineralwolle verlegt wird. Daraufhin verlangt Eigenheim zumindest Minderung des Werkhonorars.

Zu Recht?

Antwort:
Ob Eigenheim Minderung oder gar Wandlung verlangen kann, ist zunächst davon abhängig, ob ein Fehler vorliegt. Dies richtet sich grundsätzlich nach der Vertragsvereinbarung. Vorliegend wurde ein schalldämmender Estrich geschuldet. Tatsächlich kann durch die Art und Weise, wie dieser verlegt worden ist, jedoch keine Verbesserung der Trittschalldämmung erzielt werden. Wäre dieser jedoch auf hochverdichteter Mineralwolle verlegt worden, wäre eine Trittschalldämmung eingetreten. Somit weicht das errichtete Werk vom geschuldeten Werk ungünstig ab und ist mangelhaft. Somit kann Eigenheim zumindest Werklohnforderung verlangen.

Merke:
Ob ein Mangel vorliegt, richtet sich regelmäßig zunächst nach der vertraglichen Vereinbarung. Wird laut Vertrag eine schalldämmende Fußbodenkonstruktion geschuldet, jedoch eine Fußbodenkonstruktion gefertigt, welche keinerlei Verbesserung der Trittschalldämmung erzielt, so ist die erbrachte Werkleistung mangelhaft.

Angesprochene Rechtsquellen:

§ 633 BGB; 13 Nr. 1 VOB/B
Stichwort: Mangelhafte Bauleistung - Trittschalldämmung im Fertighaus
Urteil: OLG Düsseldorf vom 22.10.1993 (22 U 103/93)

Fall B 63 (+)

Kann eine Werkleistung auch dann mangelhaft sein, wenn die Gebrauchstauglichkeit nicht wesentlich beeinträchtigt ist?

Meister Röhrich wurde von Eigenheim beauftragt, die Sanitäreinrichtungen zu installieren. Wie sich herausstellt, verstößt die Ausführung des Werkes gegen die anerkannten Regeln der Technik. Aus diesem Grunde verlangt Eigenheim Mängelbeseitigung. Dies wird von Röhrich verweigert, da hierfür ein unverhältnismäßig hoher Aufwand erforderlich wäre. Daraufhin verlangt Eigenheim eine angemessene Minderung.

Zu Recht?

Antwort:
Das Begehren des Eigenheim ist Rechtens. Er kann eine angemessene Minderung verlangen. Verstößt die Ausführung des Werkes gegen die anerkannten Regeln der Technik, so liegt ein Mangel vor. Ist der zur Mängelbehebung erforderliche Aufwand unverhältnismäßig groß und wird deshalb die Nachbesserung verweigert, hat der Auftraggeber Anspruch auf eine angemessene Minderung.

Merke:
Eine Werkleistung ist auch dann mangelhaft, wenn die Gebrauchstauglichkeit nicht wesentlich beeinträchtigt ist, jedoch die Ausführung des Werkes gegen die anerkannten Regeln der Technik verstößt.

Angesprochene Rechtsquellen:

§ 13 Nr. 1 VOB/B; § 633 Abs. 1 BGB
Stichwort: Mangelhafte Bauleistung - Unverhältnismäßiger Aufwand
Urteil: OLG Köln vom 22.04.1994 (19 U 233/93

Fall B 64 (+)

Wann muß kein Werklohn bezahlt werden?

Albert Antiquarus ist Eigentümer eines sehr alten Hauses dessen Hausfassade völlig erneuert werden muß. Deshalb wendet er sich an den Unternehmer Flick und erteilt diesem den Auftrag zur Restaurierung. Nach Abschluß der Arbeiten stellt Antiquarus jedoch feststellen, daß die Restaurierung vor allem im Hinblick auf die Ästhetik der Hausfassade völlig mißlungen ist. Deshalb verweigert er die Bezahlung der Werkleistung.

Zu Recht?

Antwort:
Antiquarus verweigert zu Recht. Abzustellen ist hierbei regelmäßig darauf, ob die Werkleistung für den Besteller gänzlich ohne Wert ist. Zielt die Restaurierung einer älteren Hausfassade im wesentlichen auf die Ästhetik dieser Hausfassade ab und kann diese Ästhetik dieser Hausfassade nicht erhalten oder wieder hergestellt werden, so ist die Werkleistung für den Besteller gänzlich ohne Wert. Somit kann er auch den Werklohn auf Null mindern.

Merke:
Eine Minderung des Werklohnes auf Null setzt voraus, daß die Werkleistung für den Besteller gänzlich ohne Wert ist. Ein solcher Fall kann gegeben sein, wenn die in Auftrag gegebene im wesentlichen auf die Ästhetik abgestellte Restaurierung einer älteren Hausfassade völlig mißlingt. Daneben sind immer auch die Umstände des Einzelfalles zu berücksichtigen.

Angesprochene Rechtsquellen:

§ 634 BGB; § 13 Nr. 6 VOB/B
Stichwort: Minderungsanspruch - Wertlosigkeit, Hausfassade
Urteil: OLG Köln vom 22.12.1992 (3 U 36/90)

Fall B 65 (+)

Sind prozeßbegleitende Privatgutachten erstattungsfähig?

Bauunternehmer Baufix sollte für Bauherr Eigenheim ein Wohnhaus errichten. Allerdings kommt es zwischen den Parteien zu einem gerichtlichen Streit über das Vorliegen verschiedener Mängel. Eigenheim war, um seiner Darlegungslast genügen zu können, darauf angewiesen, ein prozeßbegleitendes Privatgutachten erstellen zu lassen. Als er ein günstiges Urteil erhielt, stellt sich die Frage, ob er die Kosten für dieses Privatgutachten erstattet bekommen würde.

Antwort:
Die Kosten eines prozeßbegleitenden Privatgutachten sind grundsätzlich nur dann erstattungsfähig, wenn die Partei auf die Hinzuziehung des Sachverständigen angewiesen ist, um ihrer Darlegungslast genügen oder Beweisangriffe abwehren zu können und wenn das Privatgutachten Einfluß auf den Rechtsstreit genommen hat. Vorliegend hat Eigenheim somit einen Anspruch auf Erstattung.

Merke:
Prozeßbegleitende Privatgutachten werden nur dann erstattet, wenn die Partei auf die Hinzuziehung des Sachverständigen angewiesen ist, um Beweisangriffe abwehren zu können oder um ihrer Darlegungslast Genüge zu tun und wenn das Privatgutachten Einfluß auf den Rechtsstreit genommen hat.

Angesprochene Rechtsquellen:

§ 91 ZPO
Stichwort: Privatgutachten - Kostenerstattungspflicht
Urteil: OLG Düsseldorf Beschluß vom 19.10.1993 (22 W 37/93)

Fall B 66 (+)

Muß der Besteller die Kosten eines Privatgutachters, der im Werklohnprozeß mit dem Unternehmer für den Besteller ein Gegenaufmaß erstellt, übernehmen?

Zwischen Bauunternehmer Baufix und Bauherr Eigenheim kommt es zu einem Werklohnprozeß. Im Zuge dieses Prozesses bestellt Baufix einen Privatgutachter, der zusammen mit ihm ein Gegenaufmaß erstellt. Nach einem entsprechenden Urteil fragt sich Baufix, ob diese Kosten erstattungsfähig sind.

Antwort:
Die Kosten eines Privatgutachters, der im Werklohnprozeß mit dem Unternehmer für den Besteller ein Gegenaufmaß erstellt, sind nicht erstattungsfähig, weil die Prüfung von Aufmaß und Rechnung des Unternehmers Aufgabe des vom Besteller beauftragten Architekten und mit dessen Honorar gem. §15 Abs. 2 Nr. 8 HOAI abgegolten war.

Merke:
Die Kosten eines Privatgutachters, der im Werklohnprozeß mit dem Unternehmer für den Besteller ein Gegenaufmaß erstellt, sind nicht erstattungsfähig.

Angesprochene Rechtsquellen:

§ 91 ZPO
Stichwort: Privatgutachterkosten - Aufmaßprüfung
Urteil: OLG Bamberg Beschluß vom 08.09.1993 (3 W 67/93)

Fall B 67 (+)

Wann verletzt ein Malermeister die ihm obliegende Hinweis- und Aufklärungspflicht?

Malermeister Pinsel sollte für Eigenheim die Fenster an dessen Haus von außen neu streichen. Schon einige Zeit nach Beendigung der Arbeiten blättert die Farbe wieder ab. Wie sich herausstellt, ist dies darauf zurückzuführen, daß ein fachgerechter Innenanstrich sowie eine Sanierung der Holzteile nicht erfolgte. Eigenheim verlangt nun von Pinsel Schadenersatz, da ihn Pinsel, was zutrifft, nicht über diese Gefahren informiert hatte.

Zu Recht?

Antwort:
In der Tat ist der Schadenersatzanspruch des Eigenheim gegen Pinsel berechtigt. Es ist regelmäßig die Pflicht des Malermeisters, auf die Gefahr des Abblätterns hinzuweisen. Zu einem pflichtgemäßen Verhalten des Malermeisters hätte gehört, bei Erteilung des Auftrages für den Fensteraußenanstrich Eigenheim darauf hinzuweisen, daß ohne fachgerechten Innenanstrich und Sanierung des Holzes der neue Außenanstrich alsbald abblättern und reißen kann.

Merke:
Ein Malermeister, der bei Erteilung eines Auftrages für einen Fensteraußenanstrich den Besteller nicht darauf hinweist, daß ohne fachgerechten Innenanstrich und Sanierung der Holzteile der neue Außenanstrich alsbald abblättern und reißen kann, verletzt die ihm obliegende Hinweis- und Aufklärungspflicht.

Angesprochene Rechtsquellen:

§§ 4 Nr. 3, 13 Nr. 3 VOB/B
Stichwort: Prüfungs- und Hinweispflicht - Außenanstrich Fenster
Urteil: OLG Köln vom 20.10.1993 (13 U 84/93)

Fall B 68 (+)

Besteht eine Prüfpflicht des Unternehmers, der beauftragt ist, eine Wand mit einem Außenanstrich zu versehen?

Pinsel wurde von Eigenheim beauftragt, die Fassade seines Hauses neu anzustreichen. Für diesen Anstrich war Sumpfkalk vorgesehen. Einige Zeit nachdem Pinsel den Auftrag ausgeführt hatte, traten erhebliche Mängel am Anstrich auf. Diese waren vor allem darauf zurückzuführen, daß der Untergrund nicht vorbehandelt wurde. Eigenheim verlangt deshalb Schadenersatz, welchen Pinsel ablehnt, da er meint, daß eine Prüfpflicht, ob der Untergrund hätte vorbehandelt werden müssen, nicht bestand.

Zu Recht?

Antwort:
Die Auffassung des Pinsel ist falsch. Grundsätzlich trifft den Unternehmer, der beauftragt ist, eine Wand mit einem Anstrich zu versehen, zwar keine Prüfpflicht, ob der Untergrund vorbehandelt werden muß. Entspricht der vertraglich vorgesehene Anstrich (hier: Sumpfkalk) jedoch nicht mehr den anerkannten Regeln der Technik für Fassadenanstriche, so erwächst ihm hieraus eine Prüfpflicht. Pinsel ist dieser Prüfpflicht im vorliegenden Fall nicht nachgekommen, so daß sein Werk mangelhaft ist.

Merke:
Der Unternehmer, der beauftragt ist, eine Wand mit einem Anstrich zu versehen, muß zumindest dann, wenn der vertraglich vorgesehene Anstrich nicht mehr den anerkannten Regeln der Technik für Fassadenanstriche entspricht, vor Anbringung des Anstriches prüfen, ob zunächst der Untergrund vorbehandelt werden muß.

Angesprochene Rechtsquellen:

§§ 4 Nr. 2, 4 Nr. 3 und 13 Nr. 7 VOB/B
Stichwort: Prüfungs- und Hinweispflicht - Vorarbeiten für Fassadenanstrich
Urteil: OLG Stuttgart vom 02.06.1993 (13 U 7/93)

Fall B 69 (+)

Kann der Geschädigte die Kosten für ein von ihm eingeholtes Privatgutachten auch dann vom Schädiger verlangen, wenn dieses Gutachten falsch ist?

Baufix ist dabei, ein Eigenheim zu errichten. Durch leichte Fahrlässigkeit kommt es zu einer Eigentumsverletzung auf dem Nachbargrundstück, das Egon Kurz gehört. Infolge eines Schadenersatzprozesses holt Kurz zur Berechnung der Schadenshöhe ein Privatgutachten ein. Wie sich herausstellt, ist dieses Sachverständigengutachten jedoch falsch.

Sind die Kosten für dieses falsche Gutachten vom Schadenersatz des Kurz gegen Baufix gedeckt?

Antwort:
Auch die Kosten für ein falsches Privatgutachten sind vom Schadenersatzanspruch aus §823 BGB gedeckt. Die Pflicht des Geschädigten zur Zahlung der Kosten eines von ihm bestellten Gutachters entstehen durch Beauftragung des Sachverständigen. Dabei kommt es nicht darauf an, ob dieses Gutachten falsch oder richtig ist. Ein Mitverschulden des Geschädigten kann sich aber bei Auswahl des Sachverständigen, bei der Abnahme des fehlerhaften Gutachtens und auch bei der Geltendmachung von Gewährleistungsansprüchen gegen den Sachverständigen ergeben.

Merke:
Der Schadenersatzanspruch des Geschädigten umfaßt auch die Kosten eines zur Schadenshöhe eingeholten Privatgutachtens. Dies gilt selbst dann, wenn das Sachverständigengutachten falsch ist.

Angesprochene Rechtsquellen:

§§ 823, 249, 254 BGB
Stichwort: Sachverständigengutachten - Kostenerstattungspflicht auch bei falschen Gutachten
Urteil: OLG Hamm vom 19.05.1994 (5 U 127/93)

Fall B 70 (+)

Begeht ein Sachverständiger eine sittenwidrige vorsätzliche Schädigung, wenn er Angaben nach Gefühl macht?

Der Sachverständige Schlampig sollte für Protzig ein Verkehrswertgutachten im Rahmen eines Zwangsversteigerungsverfahrens über den baulichen Zustand der Wohnungen im Ober- und Dachgeschoß erstellen. In diesem Gutachten beschreibt Schlampig den baulichen Zustand aufgrund einer Ortsbesichtigung. Dies tut er, obwohl er zu diesen Wohnungen keinen Zugang erhalten hat. Diesen Umstand läßt er in seinem Gutachten unerwähnt. Daraufhin ersteigert Protzig die in Frage kommenden Wohnungen. Wie sich herausstellt, weicht der bauliche Zustand von dem im Gutachten beschriebenen Zustand erheblich ab. Protzig verlangt nun Schadenersatz wegen sittenwidriger vorsätzlicher Schädigung.

Zu Recht?

Antwort:
Der Schadenersatzanspruch gem. §826 BGB gegen Schlampig ist begründet. Macht der Gutachter in seinem Gutachten Angaben, auf welche der Auftraggeber vertraut, obwohl diese Angaben auf Verdacht gemacht werden, so begeht der Gutachter eine sittenwidrige vorsätzliche Schädigung. Für den Vorsatz ist es ausreichend, daß er die Möglichkeit kennt, daß seine Angaben falsch sind und sich damit abfindet. Dies ist regelmäßig der Fall, wenn er Angaben ohne Grundlage macht. Somit haftet hier Schlampig auf Schadenersatz gem. §826 BGB.

Merke:
Der Sachverständige haftet auf Schadenersatz gem. §826 BGB gegenüber dem Auftraggeber, wenn er in einem Verkehrswertgutachten den baulichen Zustand von Wohnungen aufgrund einer Ortsbesichtigung beschreibt, obwohl er zu diesen Wohnungen keinen Zugang erhalten hatte, dies aber im Gutachten unerwähnt läßt und der Auftraggeber auf die Angaben im Gutachten vertraut hat, obwohl der Sachverständige diese tatsächlich ins Blaue hinein gemacht hat.

Angesprochene Rechtsquellen:

§ 826 BGB
Stichwort: Sachverständigenhaftung, sittenwidrige vorsätzliche Schädigung
Urteil: OLG Köln vom 05.02.1993 (19 U 104/92)

Fall B 71 (+)

Hat ein Beklagter die Möglichkeit des rechtlichen Gehörs, wenn ihm erst in der mündlichen Verhandlung neues umfangreiches Prozeßmaterial vorgelegt wird, zu dem eine sofortige Äußerung nicht zumutbar ist?

Bauunternehmer Baufix und Eigenheim streiten vor Gericht über die Ausführungen verschiedener Bauarbeiten. Im Termin zur ersten mündlichen Verhandlung legt Baufix neues, sehr umfangreiches Prozeßmaterial vor. Daraufhin meint Eigenheim, die Sitzung müsse vertagt werden, da ihm eine sofortige Äußerung aufgrund des umfangreichen neuen Prozeßmaterials nicht zugemutet werden kann, darüber hinaus wird ihm keine Möglichkeit der schriftlichen Stellungnahme eingeräumt.

Zu Recht?

Antwort:
Er verlangt die Vertagung zu Recht. Es stellt tatsächlich einen Verstoß gegen den Grundsatz des rechtlichen Gehörs dar, wenn eine Partei zu einem Termin einer mündlichen Verhandlung mit umfangreichem Prozeßmaterial konfrontiert wird, zu dem eine sofortige Äußerung nicht zumutbar ist und ihr keine Möglichkeit der schriftlichen Stellungnahme eingeräumt wird.

Merke:
Wird im ersten Termin zur mündlichen Verhandlung neues umfangreiches Prozeßmaterial vorgelegt, so muß diese Sitzung notfalls vertagt werden.

Angesprochene Rechtsquellen:

§ 108 I GG; Art. 91 Bayr.Verfassung; Art. 6 I Menschenrechtskonvention
Stichwort: Prozeßgrundsatz - Rechtliches Gehör
Urteil: OLG München vom 03.02.1993 (27 U 232/92)

Fall B 72 (+)

Wann ist eine Schlußzahlung vorbehaltlos angenommen?

Eigenheim hatte sich von Bauunternehmer Baufix den Rohbau seines neuen Hauses errichten lassen. Nach Abschluß der Arbeiten stellt Baufix die Schlußrechnung. Einige Zeit später geht die Schlußzahlung mit einer entsprechenden Erklärung des Eigenheim ein. Eigenheim fragt sich nun, ob er auf die Ausschlußwirkung des §16 Nr. 3 Abs. 2 VOB/B, wonach ein Vorbehalt innerhalb einer bestimmten Frist erklärt werden muß, um wirksam zu bleiben, hinweisen muß.

Antwort:
Eigenheim muß auf die Ausschlußwirkung in einem von der Schlußzahlung getrennten Schreiben hinweisen. Dies gilt zumindest seit der Neufassung des VOB/B vom 19.07.1990. Seitdem greift die Ausschlußwirkung des §16 Nr. 3 Abs. 2 VOB/B der vorbehaltlosen Annahme einer Schlußzahlung zugunsten des Auftraggebers nur ein, wenn in einem von der Schlußzahlung getrennten Schreiben auf die Ausschlußwirkung besonders hingewiesen wird.

Merke:
Gilt die VOB vom Juli 1990, so greift die Ausschlußwirkung des §16 Nr. 3 Abs. 2 VOB/B der vorbehaltlosen Annahme einer Schlußzahlung zugunsten des Auftraggebers nur ein, wenn in einem von der Schlußzahlung getrennten Schreiben auf die Ausschlußwirkung besonders hingewiesen wird.

Angesprochene Rechtsquellen:

§ 16 Nr. 3 Abs. 2 VOB/B
Stichwort: Schlußzahlungseinrede - Hinweispflicht in getrennten Schreiben
Urteil: OLG Köln vom 06.05.1994 (19 U 205/92)

Fall B 73 (+)

Wann ist eine Zahlung im bargeldlosen Zahlungsverkehr rechtzeitig?

Eigenheim hatte mit Baufix einen Bauvertrag geschlossen. Bei Stellung der ersten Zwischenrechnung stellte Baufix dem Eigenheim eine angemessene Frist zur Bezahlung zum 01.04. des Kalenderjahres. Als am 01.04. die Zahlung noch nicht auf seinem Konto gutgeschrieben war, erklärt Baufix den Rücktritt vom Bauvertrag wegen Verzug.

Zu Recht?

Antwort:
Der Rücktritt des Baufix ist unbegründet. Vorliegend kommt es darauf an, ob tatsächlich Verzug vorliegt. Dazu muß man prüfen, ob die Zahlung des Eigenheim rechtzeitig erfolgt ist. Zwar tritt auch im bargeldlosen Zahlungsverkehr Erfüllung im Sinne des §362 BGB erst mit Gutschrift des Betrages auf dem Konto des Gläubigers ein, allerdings ist hinsichtlich der Rechtzeitigkeit der Zahlung nicht auf den Erfüllungszeitpunkt, sondern auf den Zeitpunkt der Erteilung des Überweisungsauftrages abzustellen. Hat Eigenheim also bereits vor dem 01.04. den Überweisungsauftrag abgegeben, so ist seine Zahlung rechtzeitig und ein Verzug läge nicht vor. In diesem Falle wäre der Rücktritt unbegründet.

Merke:
Für die Rechtzeitigkeit einer Zahlung durch Banküberweisung kommt es auf den Zeitpunkt der Erteilung des Überweisungsauftrages an, soweit auf dem Konto ausreichend Deckung zur Ausführung vorhanden ist. Der Zeitpunkt der Gutschrift auf dem Empfängerkonto ist dann irrelevant.

Angesprochene Rechtsquellen:

§§ 269, 270, 362 BGB; § 16 VOB/B
Stichwort: Schuldnerverzug - Erfüllungszeitpunkt bei Überweisung, Zahlungsfrist
Urteil: LG Frankfurt vom 22.09.1993 (2/1 S 78/93)

Fall B 74 (+)

Muß der mit der Tragwerkplanung betraute Statiker, der sich am Entwurf der konstruktiven Verbindung nichttragender mit tragenden Teilen beteiligt, die Auswirkungen der Statik beachten?

Statiker Berechnix war mit der Tragwerkplanung im Neubau des Eigenheim beauftragt. Berechnix beteiligte sich auch am Entwurf der konstruktiven Verbindung nichttragender mit tragenden Teilen. Dabei hatte er jedoch die Auswirkungen der Statik nicht beachtet. Dies führte zu einem Schaden.

Hat sich Berechnix schadenersatzpflichtig gemacht?

Antwort:
Ja, Berechnix hat sich schadenersatzpflichtig gemacht. Wenn der mit der Tragwerksplanung betrautet Statiker sich am Entwurf der konstruktiven Verbindung nichttragender mit tragenden Teilen beteiligt, muß er dabei die Auswirkungen der Statik beachten.

Merke:
Der mit der Tragwerksplanung betraute Statiker hat die Auswirkungen der Statik zu beachten, wenn er sich am Entwurf der konstruktiven Verbindung nichttragender mit tragenden Teilen beteiligt.

Angesprochene Rechtsquellen:

§ 635 BGB; § 34 HOAI
Stichwort: Statikerhaftung - grobe Fahrlässigkeit, Tragplattendurchbiegung
Urteil: OLG Düsseldorf vom 26.02.1993 (22 U 201/92)

Fall B 75 (+)

Besteht eine Vergütungspflicht für besondere Leistungen des Statikers, wenn eine schriftliche Vereinbarung hierüber fehlt?

Der Statiker Berechnix sollte für Eigenheim die notwendigen Berechnungen erstellen. Berechnix verpflichtete sich mündlich zur Erbringung besonderer Leistungen. Nach Abschluß der Arbeiten verlangt Berechnix die Bezahlung. Er verlangt auch die Zahlung der besonderen Leistungen. Eigenheim verweigert die Bezahlung der besonderen Leistungen, da hierfür ein Honorar nicht schriftlich vereinbart wurde.

Zu Recht?

Antwort:
Gemäß §5 Abs. 4 HOAI sind besondere Leistungen nur dann vergütungspflichtig, wenn das Honorar schriftlich vereinbart wurde. Dies ist hier nicht der Fall. Somit besteht kein Vergütungsanspruch des Berechnix.

Merke:
Besondere Leistungen eines Statikers sind grundsätzlich nur dann vergütungspflichtig, wenn das Honorar schriftlich vereinbart wurde. Zu beachten ist allerdings, daß auf die Einhaltung der Schriftform durch den Auftraggeber wirksam verzichtet werden kann.

Angesprochene Rechtsquellen:

§ 5 Abs. 4 HOAI
Stichwort: Statikerhonorar - Besondere Leistungen, Schriftform
Urteil: OLG Hamm vom 25.11.1993 (17 U 193/91)

Fall B 76 (+)

Muß der Tagelohnzettel die durchgeführten Arbeiten nachvollziehbar beschreiben?

Handwerker Röhrich wurde von Eigenheim beauftragt, die Sanitärinstallation zu tätigen. Röhrich schickte deshalb seine beiden Angestellten Max und Moritz auf die Baustelle. Nach Abschluß der Arbeiten stellte Röhrich seine Schlußrechnung. Diese erscheint Eigenheim zu hoch. Insbesondere die abgerechneten Stunden erscheinen ihm überzogen. Röhrich hingegen verweist auf die von seinen Arbeitern ihm ausgefertigten Stundenzettel. Auf diesen heißt es regelmäßig „Arbeiten nach Angabe". Eigenheim meint, diese Zettel seien ohne Wert, da aus ihnen nicht hervorgehe, wieviel Zeit die Arbeiter für welche Arbeiten benötigten. Sind die Tagelohnzettel tatsächlich unzureichend?

Antwort:
Die Tagelohnzettel sind tatsächlich unzureichend. Es genügt nicht der Vermerk „Arbeiten nach Angabe", da aus einem solchen Vermerk nicht hervorgeht, welche Arbeiten durchgeführt wurden. Dies ist jedoch Sinn und Zweck der Tagelohnzettel. So hat auch das Oberlandesgericht Karlsruhe entschieden, daß die Tagelohnzettel die durchgeführten Arbeiten nachvollziehbar beschreiben müssen. Ein bloßer Vermerk nicht nachvollziehbarer Tätigkeiten ist unzulässig. Sie werden bei einer Rechnung nicht berücksichtigt. Daran ändert sich auch dann nichts, wenn der Architekt diese unterzeichnet hat.

Merke:
Tagelohnzettel müssen die durchgeführten Arbeiten nachvollziehbar beschreiben. Der Vermerk „Arbeiten nach Angabe" ist nicht nachvollziehbar. Nicht nachvollziehbare Tagelohnzettel werden auch dann nicht berücksichtigt, wenn der Architekt unterzeichnet hat.

Angesprochene Rechtsquellen:

§ 15 Nr. 3 VOB/B
Stichwort: Stundenlohnzettel - Ausgeführte Arbeiten
Urteil: OLG Karlsruhe vom 30.11.1993 (8 U 251/93)

Fall B 77 (+)(-)

Wann ist eine Vertragsstrafenvereinbarung durch AGB noch zulässig?

Bauherr Eigenheim hat mit Baufix einen Bauvertrag abgeschlossen. In den AGB-Bestimmungen ist u.a. eine Vertragsstrafenvereinbarung enthalten. Diese Klausel sieht eine Vertragsstrafe von 0,16% pro Arbeitstag bei einer Obergrenze von 20% der Abrechnungssumme vor.

Ist eine solche Vertragsstrafenvereinbarung durch AGB zulässig?

Antwort:
Eine in Allgemeinen Geschäftsbedingungen enthaltene Vereinbarung, wonach der Auftragnehmer, wenn er in Verzug gerät, für jeden Werktag der Verspätung eine Vertragsstrafe von 0,16%, höchstens jedoch 20% der Angebotssumme zu zahlen hat, ist unwirksam.

Merke:
Zulässig sind 0,1%, höchstens jedoch 10% der Angebotssumme je Werktag, wenn die Vertragsstrafe durch einen Höchstbetrag begrenzt ist.

Angesprochene Rechtsquellen:

§ 11 VOB/B; § 9 AGB-Gesetz
Stichwort: Vertragsstrafenvereinbarung
Urteil: BGH-Urteil vom 25.09.1986 (VII ZR 276/84)
Urteil: OLG Stuttgart vom 03.02.1993 (9 U 186/92)
Urteil: OLG Zweibrücken vom 10.03.1994 (4 U 143/93)

Fall B 78 (+)

Kann durch AGB vereinbart werden, daß das Kaufobjekt spätestens mit dem Einzug des Käufers in die Wohnung als abgenommen gilt?

Bauherr Glücklich hat mit dem Unternehmer Schlampig einen Bauvertrag über die Errichtung eines Einfamilienhauses abgeschlossen. In einer Klausel im Formular- Werkvertrag des Schlampig heißt es, daß das Kaufobjekt spätestens mit dem Einzug des Käufers in die Wohnung als abgenommen gilt. Nach Fertigstellung des Objektes ist Glücklich bevor es zu einer förmlichen Abnahme des Baubojektes kam, in sein neues Haus eingezogen. Doch bereits kurze Zeit später werden einige Mängel auffällig. Deshalb hält er seine Zahlungen komplett zurück, da er der Ansicht ist, die Vergütung sei aufgrund mangelnder Abnahme gem. §§640, 641 BGB noch nicht fällig. Schlampig hingegen verweist auf seine AGB-Bestimmungen, wonach mit Einzug die Wohnung als abgenommen gilt.

Sind die Forderungen des Schlampig tatsächlich fällig geworden?

Antwort:
Eine Klausel in Formular-Werkverträgen, wonach das Kaufobjekt spätestens mit dem Einzug des Käufers in die Wohnung als abgenommen gilt, verstößt gegen §11 Nr. 10 AGB-Gesetz und ist damit unwirksam. Unter Abnahme versteht man regelmäßig die körperliche Hinnahme im Wege der Besitzübertragung, verbunden mit der Billigung des Werks als in der Hauptsache vertragsgemäße Leistung. Notwendig ist nicht nur der Einzug in die Wohnung, sondern auch der Nutzung. Deshalb stellt eine Klausel, wonach die Abnahme durch den Einzug in die Wohnung ersetzt werden soll, eine ungünstige Regelung für den Erwerber dar. Gemessen an §11 Nr. 10 AGB-Gesetz ist eine solche Klausel deshalb nicht mehr verhältnismäßig und daher unwirksam. Somit wurde in unserem Fall die Vergütung mangels Abnahme noch nicht fällig.

Merke:
Die Klausel in Formular-Werkverträgen „Das Kaufobjekt gilt spätestens mit dem Einzug des Käufers in die Wohnung als abgenommen" verstößt gegen §1 Nr. 10 AGB-Gesetz.

Angesprochene Rechtsquellen:

§ 635 BGB Stichwort: Abnahme, Abnahmefiktion in AGB Urteil: OLG Hamm vom 24.11.1993 (12U 29/93)

Fall B 79 (+)

Wer hat nach der Abnahme Grund und Höhe der Werklohnforderung zu beweisen?
Kann eine Abnahme durch schlüssiges Verhalten auch dann erfolgen, wenn zahlreiche Mängel vorliegen?

Bauherr Eilig hat sich von Bauunternehmer Schlampig ein Einfamilienhaus errichten lassen. Bereits kurz nach der Fertigstellung wollte er unbedingt in sein neues Heim einziehen. Zu diesem Zeitpunkt ist es noch zu keiner förmlichen Abnahme gekommen. Einige Wochen später stellt Schlampig seine Schlußrechnung, da er der Überzeugung ist, daß eine Abnahme durch die Nutzung des Einfamilienhauses zumindest konkludent erfolgt sei. Eilig hält dem entgegen, daß eine Abnahme schon deshalb ausgeschlossen sei, da er zahlreiche Mängel vorgetragen habe und darüber hinaus sei die von Schlampig erstellte Schlußrechnung nicht schlüssig; er verlangt ausführliche Darlegung.

Zu Recht?

Antwort:
Hier ist zunächst zu klären, ob eine Abnahme vorliegt. Unter Abnahme des vertragsgemäß hergestellten Werks ist in der Regel die körperliche Hinnahme im Wege der Besitzübertragung, verbunden mit der Billigung des Werks als in der Hauptsache vertragsgemäßer Leistung, zu verstehen, konkludent kann eine Abnahme nur dann erfolgen, wenn das hergestellte Werk auch genutzt wird. Nur dann kann von einer körperlichen Hinnahme gesprochen werden. Deshalb ist dann von einer Abnahme auszugehen, wenn der Auftraggeber (Eilig) die Werkleistung über längere Zeit genutzt hat und die Möglichkeit hatte, die Werkleistung auf Mängel zu überprüfen. Dies kann allerdings nur dann gelten, wenn tatsächlich eine Abnahmereife vorlag. Trägt er zahlreiche Mängel vor, die eine fehlende Abnahmereife begründen, so kann auch in der dauerhaften Nutzung des hergestellten Werkes keine konkludente Abnahme gesehen werden. Dies ist jedoch von Einzelfall zu Einzelfall zu überprüfen.

Merke:
Auch nach Abnahme der Werkleistung hat der Unternehmer die Darlegungs- und Beweislast für den Grund und die Höhe seiner Werklohnforderung. **Einzug und Nutzung über einen längeren Zeitraum stellen grundsätzlich eine konkludente Abnahme dar. Dies gilt nur dann nicht, wenn der Auftraggeber zur Begründung der fehlenden Abnahmereife zahlreiche Mängel vorträgt.**

Angesprochene Rechtsquellen:

§640 BGB; 282 ZPO Stichwort: Abnahmevoraussetzungen, Beweislast für Vergütung Urteil: BGH vom 13.10.1994 (VII ZR 139/93)

Fall B 80 (+)

Kann bei wesentlichen Mängeln des hergestellten Werks die Abnahme verweigert werden?

Eilig, stolzer Besitzer eines Einfamilienhauses, hat dieses renovieren lassen. Mit den Renovierungsarbeiten war der Bauunternehmer Schlampig beauftragt worden. Dieser hatte den Estrich im Wohnzimmer nicht nach den Absprachen mit dem Bauherrn hergestellt, woraus sich erhebliche Beeinträchtigungen in der Benutzung des Hauses sowie im Nutzwert ergaben. Das hat zur Folge, daß die Funktion der Terrassentür stark beeinträchtigt ist, darüber hinaus kann auch die Parkettauflage nicht bis an die Terrassentür herangeführt werden, so daß ein parkettloser roher Estrichstreifen vor der Terrassentür verbleiben muß.

Genügen diese Mängel zur Verweigerung der Abnahme?

Antwort:
Die Abnahme einer Werkleistung kann dann verweigert werden, wenn das Werk mit einem wesentlichen Mangel behaftet ist. Hier liegt ein solcher Fall vor. Eine Funktionsbeeinträchtigung der Terrassentüre ist nicht hinzunehmen, darüber hinaus ist es auch unzumutbar, wenn zwischen Terrassentür und Parkettbodenende ein Streifen Estrich verbleibt.

Merke:
Die Abnahme eines Werkes kann dann verweigert werden, wenn wesentliche Mängel der Sache anhaften.

Angesprochene Rechtsquellen:

§ 12 Nr. 3 VOB/B
Stichwort: Abnahmeverweigerung, fehlerhafte Estrichhöhe bei Ausbauhaus
Urteil: OLG Karlsruhe vom 30.06.1994 (18A U47/93)

Fall B 81 (+/-)

Wann ist ein Schadenersatz in Höhe von 10% des endgültigen Kaufpreises bei Kündigung durch den Auftraggeber unangemessen?

Eilig wollte sich ein Fertighaus errichten lassen. Da die Finanzierung scheiterte, mußte er den bereits abgeschlossenen Vertrag mit dem Fertighaushersteller kündigen. Dieser möchte nun unter Hinweis auf seine AGB-Bestimmungen Schadenersatz in Höhe von 10% des endgültigen Kaufpreises.

Zu Recht?

Antwort:
Grundsätzlich ist eine Pauschalierung möglich. Eine solche wäre dann unwirksam, wenn die Pauschale unangemessen hoch ist. Ausgangspunkt für die Prüfung ist der Betrag, der bei normaler Vertragsabwicklung geschuldet worden wäre. Wichtig ist, daß dem Kunden der Gegenbeweis offen steht, daß der im konkreten Fall angemessene Betrag wesentlich geringer ist als die Pauschale. Die Klausel ist schon dann unwirksam, wenn sie durch ihre Fassung den Eindruck einer endgültigen, einen Gegenbeweis ausschließenden Festlegung erweckt. Entsprechendes gilt, wenn die Klausel keine Ausnahme für den Fall vorsieht, daß der Unternehmer die Beendigung des Vertragsverhältnisses zu vertreten hat. Entschieden wurde in der Vergangenheit vom BGH bereits, daß 5% der Auftragssumme bei Kündigung eines Bauvertrages vor Baubeginn ein angemessener Schadenersatz sind. 10% dürften ebenfalls bedenkenlos sein, 18% sind bei gleicher Sachlage bis jetzt noch nicht entschieden worden.

Merke:
Ein pauschaler Schadenersatz des Unternehmers gegenüber dem Bauherrn bei verschuldeter Kündigung durch den Bauherrn ist grundsätzlich möglich. Dabei erscheint eine Pauschale in Höhe von 10% des Kaufpreises als vertretbar. Am fairsten ist die Abrechnung des Unternehmers gem. §649 BGB. Hier wird der ausstehende Werklohn abzüglich dem, was sich der Unternehmer erspart hat, abgerechnet.

Angesprochene Rechtsquellen:

§§ 3 und 10 Nr. 7 AGB-Gesetz; 649 BGB
Stichwort: AGB-Klauseln, Kündigungsfolgen bei Fertighausvertrag
Urteil: BGH vom 23.03.1995 (VII ZR 228/93)

Fall B 82 (+)

Kann durch AGB eine Mängelrügefrist von 10 Tagen nach Erhalt eines Möbelstücks vereinbart werden?

Bruder Leichtfuß erwarb beim Möbelhaus Hinz und Kunz eine neue Wohnzimmereinrichtung. 6 Wochen nach Abschluß des Kaufvertrages wurde ihm diese geliefert. Absprachegemäß wurde sie auch im Wohnzimmer aufgestellt. Einige Tage später stellte er jedoch einen Mangel an der gelieferten Couchgarnitur fest. Eine Naht war an einer verborgenen Stelle unsauber vernäht. Natürlich wollte er diesen Mangel sofort rügen. Als er jedoch den Kaufvertrag herausholte, stach ihm folgende Klausel ins Auge: „Die Ware ist vom Käufer sofort bei Anlieferung oder Einlagerung auf evtl. Mängel zu untersuchen. Erkennbare Mängel können nur anerkannt werden, wenn sie dem Verkäufer innerhalb von 10 Tagen schriftlich mitgeteilt werden". Mittlerweile waren bereits mehr als 10 Tage vergangen.

Kann Leichtfuß trotzdem noch wirksam rügen?

Antwort:
Das Rügerecht von Leichtfuß ist auf jeden Fall nicht aufgrund der Klausel ausgeschlossen. Wie das OLG Düsseldorf festgestellt hat, verstößt diese Klausel gegen §11 Nr. 10e AGB-Gesetz. Grundsätzlich muß für solche Klauseln eine Unterscheidung zwischen offensichtlichen und nicht offensichtlichen Mängeln getroffen werden. Klauseln, die diese Unterscheidung nicht erfassen, dürfen keine kürzeren Rügefristen als die gesetzlichen Verjährungsfristen aus den §§477, 638 BGB, nämlich 6 Monaten, vorsehen. Da vorliegend die Klausel eine solche Unterscheidung nicht trifft, ist sie folglich unwirksam.

Merke:
Wird eine Ausschlußfrist für eine Mängelanzeige durch AGB-Klauseln bestimmt und unterscheidet diese Klausel nicht zwischen offensichtlichen und nicht offensichtlichen Mängeln, so ist sie grundsätzlich unwirksam. Soll die Rügefrist für nicht offensichtliche Mängel verkürzt werden, so ist diese Klausel ebenfalls unwirksam. Eine Ausschlußfrist für Mängelanzeigen kann durch AGB-Bestimmungen nur dann wirksam verkürzt werden, wenn sie zwischen offensichtlichen und nicht offensichtlichen Mängeln unterscheidet und darüber hinaus die Rügefrist für nicht offensichtliche Mängel gegenüber den gesetzlichen Verjährungsfristen (6 Monate) nicht verkürzt.

Angesprochene Rechtsquellen:

§11 AGB-Gesetz Stichwort: AGB-Klauseln, Rügepflicht bei Abnahme Urteil: OLG Düsseldorf vom 20.02.1995 (22U 129/94)

Fall B 83 (+)

Darf auf den Inhalt einer schriftlichen und vom Amtsleiter unterzeichneten Mitteilung der unteren Bauaufsichtsbehörde vertraut werden?

Franz Glücklich möchte ein Haus bauen. Dazu hat er bei der zuständigen Stelle seinen Bauantrag gestellt. Im Rahmen dieses Baugenehmigungsverfahrens erhält er eine schriftliche und vom Amtsleiter unterzeichnete Mitteilung der Bauaufsichtsbehörde, daß gegen das Bauvorhaben keine planungs- und baurechtlichen Bedenken bestehen. Daraufhin trifft er verschiedene Vermögensdispositionen. Als ihm jedoch einige Tage später der offizielle Bescheid zugeht, muß er feststellen, daß ihm sein Bauantrag negativ beschieden wurde.

Kann er nun einen ihm durch die Vermögensdispositionen evtl. entstandenen Schaden geltend machen?

Antwort:
In der Tat könnte ihm ein Amtshaftungsanspruch aus §839 BGB in Verbindung mit Artikel 34 Grundgesetz zustehen. Wie der Bundesgerichtshof festgestellt hat, kann eine derartige Mitteilung durchaus geeignet sein, bei dem Adressaten - aber auch bei einem Dritten, der am Erwerb des Objekts zur Durchführung des Bauvorhabens interessiert ist - ein schutzwürdiges Vertrauen in die Richtigkeit der Auskunft zu begründen. Dieses schutzwürdige Vertrauen kann danach auch durchaus Grundlage für Vermögensdispositionen sein. Ob ein solches Vertrauen in eine solche Mitteilung in jedem Fall gegeben ist, muß für jeden Einzelfall extra beurteilt werden.

Merke:
Die im Rahmen eines Baugenehmigungsverfahrens an den Antragsteller gerichtete schriftliche und vom Amtsleiter unterzeichnete Mitteilung der unteren Bauaufsichtsbehörde, daß gegen das Bauvorhaben keine planungs- und baurechtlichen Bedenken bestehen, kann geeignet sein, bei dem Adressaten ein schutzwürdiges Vertrauen in die Richtigkeit der Auskunft zu begründen, das Grundlage für Vermögensdispositionen sein kann. Ob dies jedoch im Einzelfall tatsächlich so ist, muß von Fall zu Fall untersucht werden.

Angesprochene Rechtsquellen:

§839 BGB
Stichwort: Amtspflichtverletzung, Baugenehmigung rechtswidrig
Urteil: BGH vom 05.05.1994 (III ZR 28/93)

Fall B 84 (+)

Können Bausatzverträge widerrufen werden?

Bauherr Eigenheim hat mit dem Bausatzlieferanten Geldmach einen Bausatzvertrag abgeschlossen. Danach sollte Geldmach in Teilleistungen einen Bausatz erbringen. Eigenheim hatte das Entgelt für die Gesamtheit der Sache in Teilleistungen zu entrichten. Einige Wochen später, als Schwierigkeiten mit der Vertragsabwicklung auftraten, widerrief Eigenheim einfach den Vertrag. Geldmach, davon unbeeindruckt, bestand jedoch auf Vertragserfüllung.

Zu Recht?

Antwort:
Geldmach kann an dem Vertrag nicht festhalten. Das Oberlandesgericht in Köln hat nämlich festgestellt, daß Bausatzverträge uneingeschränkt unter §2 Nr. 1 Verbraucherkreditgesetz fallen. Diese können demnach auch frei widerrufen werden. Grundsätzlich gilt zwar eine einwöchige Widerrufsfrist, diese beginnt jedoch nur dann zu laufen, wenn dem Verbraucher eine drucktechnisch deutlich gestaltete und von ihm gesondert zu unterschreibende Belehrung über sein Widerrufsrecht vorgelegt worden ist. Ist das wie hier nicht der Fall, so gilt die einjährige Frist. D.h. der Verbraucher, hier Eigenheim, kann innerhalb eines Jahres dieses Geschäft widerrufen.

Merke:
Bausatzverträge fallen uneingeschränkt unter §2 Nr. 1 Verbraucherkreditgesetz. Sie können deshalb auch widerrufen werden. Dies entfällt nur dann, wenn nicht mehr als 3 Teilzahlungen zu leisten sind und wenn die Leistung des Bausatzlieferanten mit einer entgeltlichen Kreditgewährung an den Erwerber verbunden ist.

Angesprochene Rechtsquellen:

§§ 2 und 3 Verbraucherkreditgesetz
Stichwort: Bausatzvertrag - Verbraucherkreditgesetz, Widerrufsrecht
Urteil: OLG Köln vom 09.05.1995 (15 U 149/94)

Fall B 85 (+)

Haftet der Verkäufer von Trockenmörtel seinem Abnehmer gegenüber für Schäden, die einem Dritten entstanden sind?

Siegfried Kleber sollte den Neubau des Eigenheim verputzen. Dazu bestellte er bei der Firma Hudel einen Trockenmörtel. Jedoch schon kurze Zeit nach dem Anbringen erwies sich der Putz als äußerst mangelhaft. Kleber war deshalb gezwungen, seinen Putz umfangreich und aufwendig zu erneuern. Dadurch entstand ihm ein beträchtlicher Schaden. Wie sich herausstellte, war die Ungeeignetheit des Trockenmörtels darauf zurückzuführen, daß bei der Anlieferung durch die Firma Hudel so schlecht gearbeitet wurde, daß dieser naß und damit ungeeignet wurde. Kleber möchte nun wissen, ob er den ihm entstandenen Schaden von der Firma Hudel ersetzt bekommen kann.

Antwort:
Kleber kann seinen Schaden von der Firma Hudel ersetzt bekommen. Es ist regelmäßig so, daß der Verkäufer von Trockenmörtel seinem Abnehmer aus positiver Vertragsverletzung für Folgeschäden haftet, die dadurch eintreten, daß der Trockenmörtel wegen unsachgemäßer Beförderung zur Verwendung als Außenputz ungeeignet wurde und der Verwender wiederum seinem Kunden diese Schäden ersetzen mußte.

Merke:
Der Verkäufer von Trockenmörtel haftet seinem Abnehmer aus dem Gesichtspunkt der positiven Vertragsverletzung für Folgeschäden, die dadurch eintreten, daß der Trockenmörtel wegen unsachgemäßer Beförderung zur Verwendung als Außenputz ungeeignet war und der Verwender wiederum seinem Kunden diese Schäden ersetzen mußte.

Angesprochene Rechtsquellen:

§§ 635, 276 BGB
Stichwort: Baustofflieferung - Folgeschäden bei Trockenmörtel, positive Vertragsverletzung
Urteil: BGH vom 09.02.1994 (VII ZR 282/93)

Fall B 86 (+)

Wer haftet gegenüber dem Bauherrn, der Bauträger oder der ausführende Handwerker?

Eigenheim läßt sich von Bauträger Schönes-Wohnen ein Haus errichten. Dazu schließt er mit der Firma Schönes-Wohnen einen Vertrag ab. In diesem Vertrag heißt es in den allgemeinen Geschäftsbedingungen, daß Ansprüche der Firma Schönes-Wohnen gegen die ausführenden Handwerker (z.B. auf Mängelbeseitigung etc.) an Eigenheim abgetreten werden. Danach solle der Bauträger Schönes-Wohnen nur dann haften, wenn Dritte nicht zahlungsfähig seien. Es treten einige Mängel auf und eine Mängelbeseitigung durch den ausführenden Handwerker kann nicht erfolgen, da dieser Konkurs gegangen ist.

Kann sich Eigenheim nun an die Firma Schönes-Wohnen wenden, ohne zunächst den in Konkurs gegangenen Handwerker verklagt zu haben?

Antwort:
Eigenheim muß den in Konkurs gegangenen Handwerker nicht verklagen. Die entsprechende Klausel verstößt gegen §11 Nr. 10 AGB-Gesetz und ist somit unwirksam. Die gerichtliche Inanspruchnahme des Handwerkers darf nicht Voraussetzung für die subsidiäre Haftung des Bauträgers sein. Es genügt vielmehr, daß er den Handwerker zur Leistungserbringung auffordert. Kommt der Handwerker dem nicht nach, so muß dieser nicht erst verklagt werden, um sich dann an den Bauträger wenden zu dürfen.

Merke:
Tritt A Ansprüche gegen B an einen Dritten ab, so kann der Dritte durch AGB nicht dadurch belastet werden, daß er erst gerichtlich gegen B vorgehen muß, bevor er seinen Anspruch direkt gegen A geltend machen darf.

Angesprochene Rechtsquellen:

§§ 11 Nr. 10 AGB-Gesetz; 209 BGB
Stichwort: Bauträgerhaftung - Freistellungsklage
Urteil: BGH vom 06.04.1995 (VII ZR 73/94)

Fall B 87 (+)

Bedarf die nachträgliche Änderung eines Bauträgervertrages, wonach dem Unternehmer Vollmacht erteilt wird, der notariellen Beurkundung?

Eigenheim hat mit der Bauträgergesellschaft Schöner-Formen einen Bauträgervertrag geschlossen. Zu einem späteren Zeitpunkt stellen die Parteien fest, daß es sinnvoll gewesen wäre, der Bauträgergesellschaft Vollmacht zu erteilen, alle Aufträge im Namen des Bauherrn zu vergeben. Sie ergänzen den Vertrag dahingehend. Die Bauträgerfirma schließt daraufhin entsprechende Verträge mit den Handwerkern ab. Eigenheim ist jedoch der Meinung, daß die Bauträgerfirma hier zum Teil schlechte Abschlüsse gemacht hat und meint nun, daß die Bauträgergesellschaft ohne Vertretungsmacht gehandelt habe. Allerdings würde er den Großteil der Geschäfte genehmigen und auch übernehmen, jedoch für den Vertrag mit dem Elektriker wird die Genehmigung nicht erteilt. Dafür müsse die Bauträgerfirma selber gerade stehen. Diese beruft sich jedoch auf die Änderung des Vertrages und weist jede Haftung von sich.

Handelte die Bauträgerfirma Schöner-Formen tatsächlich mit Vertretungsmacht?

Antwort:
Hier hatte die Schöner-Formen tatsächlich keine Vertretungsmacht. Dies hat zur Folge, daß die Verträge, die diese ohne Vertretungsmacht im Namen des Bauherrn abgeschlossen hat, erst wirksam werden, wenn dieser sie genehmigt. Hier hat der Bauherr den Vertrag mit dem Elektriker nicht genehmigt. Somit handelte Schöner-Formen als Vertreter ohne Vertretungsmacht und hat daher selber für die Forderungen des Handwerkers einzustehen. Die Änderung des Bauträgervertrages hätte der notariellen Beurkundung gem. §3133 BGB bedurft. Dies ist hier jedoch nicht geschehen. Somit handelte Schöner-Formen als Vertreter ohne Vertretungsmacht. Somit waren die §§170 ff BGB anwendbar. Gemäß §177 BGB sind Geschäfte des Vertreters ohne Vertretungsmacht solange unwirksam, als sie vom Vertretenen nicht genehmigt werden. Gemäß §179 BGB haftet der Vertreter ohne Vertretungsmacht für die Forderungen, die sich aus diesen Verträgen ergeben.

Merke:
Eine nachträgliche Abänderung eines Bauträgervertrages, nach deren Inhalt dem Unternehmer Vollmacht erteilt wird, alle Aufträge im Namen des Bauherrn zu vergeben, bedarf der notariellen Beurkundung gemäß §313 BGB.

Angesprochene Rechtsquellen:

§ 313 BGB
Stichwort: Bauträgervertrag - Notarielle Beurkundung von Änderungen, Vollmacht
Urteil: OLG Hamm vom 16.05.1994 (17 U 36/93)

Fall B 88 (+)

Kann der Bauherr den gesamten Werklohn einbehalten, wenn der Bauunternehmer ihm nicht wie vereinbart die Bescheinigung über die Holzschutzbehandlung übergibt?

Eigenheim hat sich ein Haus bauen lassen. In den meisten Räumen hat er eine Holzvertäfelung anbringen lassen, darüber hinaus ist in fast allen Zimmern eine Holzdecke angebracht worden. Mit dem Bauunternehmer wurde vereinbart, daß ihm dieser eine Bescheinigung über die Holzschutzbehandlung des verwendeten Holzes übergibt. Da der Bauunternehmer diese nicht vorlegt, verweigert Eigenheim die Bezahlung.

Zu Recht?

Antwort:
Bringt der Bauunternehmer nicht, wie vertraglich vereinbart, eine Bescheinigung über die Holzschutzbehandlung des verwendeten Holzes bei, so kann der Bauherr, hier Eigenheim, den gesamten Werklohn solange zurückbehalten, bis der Bauunternehmer die entsprechende Bescheinigung vorlegt.

Merke:
Erfüllt der Bauunternehmer nicht die vertragliche Nebenpflicht, dem Besteller eine Bescheinigung über die Holzschutzbehandlung zu übergeben, so kann dieser zur Zurückbehaltung des gesamten Werklohns berechtigt sein.

Angesprochene Rechtsquellen:

§§ 631, 273 BGB
Stichwort: Fälligkeit - Zurückbehaltungsrecht wegen fehlender Bescheinigungen über Holzschutzbehandlung
Urteil: OLG Rostock vom 15.02.1995 (2 U 59/94)

Fall B 89 (+)

Ist die Einbauküche ein Bauwerk?

Eigenheim hat sich ein Haus errichten lassen. Nun kümmert er sich um die Innenausstattung. Dazu beauftragt er einen Handwerker, ihm eine Küche zu besorgen und einzubauen. Dieser Handwerker wendet sich an eine Fachfirma und vergibt einen Auftrag zur Lieferung und plangerechten Montage der Einbauküche. Nach dem Einbau muß Eigenheim feststellen, daß die Arbeitsplatte mangelhaft ist. Ohne eine Frist zu setzen, verlangt er Mängelbeseitigung. Der beauftragte Handwerker verlangt von dem beauftragten Fachunternehmen die Beseitigung des Mangels. Einer Fristsetzung, so meint er, bedarf es nicht.

Zu Recht?

Antwort:
Tatsächlich bedarf es hier keiner Fristsetzung. Es besteht ein besonderes Interesse gemäß §634 Abs. 2 Alternative 3. BGB, wenn der Kunde wegen des Erfordernisses einer aufwendigen Reparatur an der Küchenarbeitsplatte auf Umtausch dieses Teils mit Nachdruck besteht. Dies ist hier der Fall, so daß es einer Fristsetzung tatsächlich nicht bedurfte. In diesem Fall ist auch interessant, daß ein Anspruch auf Mängelbeseitigung erst nach 5 Jahren verjährt. Bei dem Vertrag zwischen Handwerker und Subunternehmer handelt es sich um einen Werklieferungsvertrag. Wie das OLG Köln festgestellt hat, handelt es sich bei einer Einbauküche um ein Bauwerk im Sinne des §638 Abs. 1 Satz 1 BGB.

Merke:
Bei einem Vertrag für die Lieferung und plangerechte Montage einer Einbauküche zwischen Handwerker und Subunternehmer handelt es sich um einen Werklieferungsvertrag. Es gilt die 5jährige Verjährungsfrist nach §638 Abs. 1 Satz 1 BGB.   **Ein besonderes Interesse an der sofortigen Geltendmachung des Gewährleistungsanspruchs ohne Fristsetzung, §634 Abs. 2 Alternative 3 BGB, ist anzunehmen, wenn der Kunde wegen des Erfordernisses einer aufwendigen Reparatur an der Küchenarbeitsplatte auf Umtausch dieses Teils mit Nachdruck besteht.**

Angesprochene Rechtsquellen:

§§ 631 ff, 638, 651 BGB
Stichwort: Gewährleistungsfrist - Bauwerksarbeit, Einbauküche
Urteil: OLG Köln vom 20.09.1994 (9 U 82/93)

Fall B 90 (+)

Ist das Haustürwiderrufsgesetz (Widerrufsmöglichkeit) bei Bestellung von Baumaterialien an der Baustelle durch den Bauherrn anwendbar?

Eigenheim, der in weitgehender Eigenregie sein Wohnhaus errichtet, hat beim Baustofflieferanten Bringviel verschiedene Baumaterialien bestellt. Dieses Geschäft kam zustande, als ein Vertreter des Bringviel Eigenheim auf dessen Baustelle aufgesucht hatte und ihn dort zum Vertragsabschluß überredet hat. Eigenheim fühlt sich nun überrumpelt und möchte vom Vertrag zurücktreten.

Kann er das?

Antwort:
Diese Frage wurde vom OLG Saarbrücken noch nicht endgültig entschieden. Allerdings führt der Senat aus, daß er zur Anwendung des Haustürwiderrufsgesetzes in diesem Falle neigt. Seiner Ansicht nach sei die Situation in objektiver Hinsicht mit den gesetzlich geregelten Fällen vergleichbar. Infolgedessen könne man das Aufsuchen eines Kunden auf dessen privater Baustelle im Einzelfall durchaus situativ mit einem Vertreterbesuch in der Privatwohnung vergleichen.
Zu beachten ist allerdings, daß das Widerrufsrecht in jedem Falle dann ausgeschlossen ist, wenn die dem Kaufvertrag vorangegangenen mündlichen Verhandlungen der Parteien auf vorhergehende Bestellung des Kunden geführt worden sind.

Merke:

Dem Bauherrn steht ein Widerrufsrecht nach dem Haustürwiderrufsgesetz bei Bestellung von Baumaterialien an der Baustelle zu. Allerdings wurde diesbezüglich noch keine abschließende Entscheidung des Gerichts getroffen.
Fest steht, daß ein Widerrufsrecht dann wegfällt, wenn die Verhandlungen auf Verlangen des Bauherrn auf dessen Baustelle geführt wurden.

Angesprochene Rechtsquellen:

§ 1 Haustürwiderrufsgesetz
Stichwort: Haustürwiderrufsgesetz - Bestellung von Baumaterialien an der Baustelle durch Bauherrn
Urteil: OLG Zweibrücken vom 04.07.1994 (7 U 164/93)

Fall B 91 (+)

Wer trägt die Beweislast für das Vorhandensein bzw. Nichtvorhandensein von Mängeln?

Eigenheim hatte mit Bauunternehmer Baufix einen Werkvertrag über die Errichtung eines Rohbaus geschlossen. Als Eigenheim einige Mängel feststellt, setzt er Baufix eine Frist zur Mängelbeseitigung. Gleichzeitig erklärt er, daß er Baufix den Auftrag entziehen werde, falls die Mängel innerhalb der Frist nicht beseitigt werden würden. Baufix streitet das Vorhandensein von Mängeln ab und unternimmt nichts. Als die Frist abgelaufen ist, kündigt Eigenheim. In der Folge entsteht ein Streit darüber, ob überhaupt ein Mangel vorgelegen hat.

Wer trägt hierfür die Beweislast?

Antwort:
Im vorliegenden Fall trifft den Unternehmer Baufix die Beweislast, d.h. er hat zu beweisen, daß ein Mangel nicht vorliegt. Dies gilt insbesondere während der Leistungserbringung, aber auch dann, wenn der Bauvertrag berechtigterweise gekündigt wurde. Eine solche Kündigung liegt hier vor.

Merke:
Kündigt der Auftraggeber den Bauvertrag gemäß den §§8 Nr. 3, 4 Nr. 7 VOB/B wegen Mangelhaftigkeit der Bauleistung, so bleibt der Auftragnehmer auch nach Kündigung darlegungs- und beweispflichtig dafür, daß sein bis dahin fertiggestelltes Gewerk mängelfrei ist.

Angesprochene Rechtsquellen:

§§ 4 Nr. 7, 8 Nr. 3, 12, 13 Nr. 1 VOB/B Stichwort: Kündigungsfolgen - Beweislast für Mängel Urteil: OLG Celle vom 24.11.1994 (7 U 13/94)

Fall B 92 (+)

Kann die VOB/B durch bloßen Hinweis auf ihre Geltung wirksam in einen Fertighausvertrag einbezogen werden?

Eigenheim möchte sich ein Fertighaus kaufen. Dazu wendet er sich an den Fertighaushersteller Baufix und schließt mit ihm in seiner Privatwohnung einen Fertighausvertrag ab. In den Vertrag heißt es, daß die VOB/B einbezogen ist. Desweiteren kann die VOB/B in den Geschäftsräumen der Fertighausfirma eingesehen werden. Als es zu Streitigkeiten kommt, stellt Eigenheim fest, daß es für ihn günstiger wäre, wenn die VOB/B nicht gelten würde. Er meint, er sei bei der Vertragsabwicklung übervorteilt worden.

Wurde die VOB/B wirksam einbezogen?

Antwort:
Die VOB/B wurde hier nicht wirksam in den Vertrag einbezogen. Da Eigenheim als normaler Durchschnittsbürger im Bauwesen nicht besonders bewandert ist, reicht ein bloßer Hinweis auf die Geltung der VOB/B nicht aus, um diese wirksam in den Fertighausvertrag einzubeziehen. Darüber hinaus ist es nicht ausreichend, wenn der Vertrag nicht in den Geschäftsräumen der Fertighausfirma abgeschlossen wird, daß lediglich ein Hinweis gegeben wird, daß die VOB/B in den Geschäftsräumen eingesehen werden kann. Vielmehr hätte es einer ausführlicheren Aufklärung des Eigenheim bedurft. Wie weit diese Belehrung gehen muß, wird vom entscheidenden Gericht nicht gesagt. Allerdings ist festgestellt, daß ein bloßer Hinweis jedenfalls nicht genügt.

Merke:
Die VOB/B kann in einen Fertighausvertrag mit einem im Bauwesen nicht bewanderten Vertragspartner nicht durch bloßen Hinweis auf ihre Geltung einbezogen werden. Wird der Vertrag nicht in den Geschäftsräumen der Fertighausfirma abgeschlossen, so genügt auch nicht der Hinweis, daß die VOB/B in den Geschäftsräumen eingesehen werden kann.

Angesprochene Rechtsquellen:

§ 2 AGB-Gesetz Stichwort: VOB Vereinbarung - Fertighausvertrag, Hinweis auf VOB/B Urteil: OLG Düsseldorf vom 01.08.1995 (21O 255/94)

Fall B 93 (+)

Was ist die Folge, wenn der Richter bei einer Werklohnklage keinen Hinweis auf einen erforderlichen Sachvortrag zur Aufwendungsersparnis nach §649 Abs. 2 BGB gegeben hat?

Eigenheim hatte mit Bauunternehmer Baufix einen Bauvertrag geschlossen. In der Folge wird der Bauvertrag von Eigenheim gekündigt. Dennoch macht Baufix die volle Werklohnforderung geltend. Da Eigenheim nicht bezahlen will, kommt es zu einem gerichtlichen Streit. Die Werklohnforderung des Baufix war erkennbar nur auf §631 Abs. 1 BGB gestützt. Als das Urteil verkündet wird, ist Baufix doch sehr überrascht. Ohne daß es in der Verhandlung angesprochen worden wäre, zieht das Gericht von der beantragten Forderung „ersparte Aufwendungen gemäß §649 BGB" ab. Baufix ist damit überhaupt nicht einverstanden, möchte in Berufung gehen. Er ist der Auffassung, das Gericht hätte einen rechtlichen Hinweis gemäß §§139, 278 Abs. 3 ZPO machen müssen.

Kann Baufix mit Erfolg Berufung einlegen, auch wenn er durch einen Anwalt vertreten war?

Antwort:
Baufix kann die Berufung auf diesen Verstoß stützen. Ob er Erfolg haben wird, muß jedoch offen bleiben. Die Berufung kann deshalb darauf gestützt werden, da es die Pflicht des Gerichtes gewesen wäre, einen Hinweis auf die Wertung des Gerichtes unter dem Gesichtspunkt des §649 BGB zu geben. Dies gilt auch dann, wenn die Partei durch einen Prozeßbevollmächtigten vertreten war. Dadurch wird die Hinweispflicht des Gerichtes nicht eingeschränkt, wenn diese ersichtlich den nach Auffassung des Gerichtes entscheidungserheblichen Gesichtspunkt übersehen haben.

Merke:

Eine im Sinn von §§139, 278 Abs. 3, 539 ZPO verfahrensfehlerhafte Überraschungsentscheidung liegt vor, wenn die Parteien nach dem bisherigen beiderseitigen Vorbringen zu einer ausschließlich auf §631 Abs. 1 gestützten Werklohnklage mit der Wertung des Gerichtes unter dem Gesichtspunkt des §649 BGB nicht ohne entsprechenden Hinweis rechnen mußten und deshalb einen nach Auffassung des Gerichtes erforderlichen Sachvortrag zur Aufwendungsersparnis nach §649 Satz 2 BGB unterlassen haben. Werden die Parteien durch Prozeßbevollmächtigte vertreten, so ändert dies nichts an der Hinweispflicht des Gerichtes.

Angesprochene Rechtsquellen:

§§ 631, 649 BGB;§§ 139, 278 ZPO
Stichwort:Werklohnklage, Kündigungsfolgen, Hinweispflicht des Gerichtes
Urteil: OLG Hamm vom 13.04.1994 (12 U 149/93)

Fall B 94 (+)

Können maßgefertigte Fensterflügel und Türblätter bei deren Diebstahl der Bauwesenversicherung in Rechnung gestellt werden?

Eigenheim hatte mit dem Versicherer Baugut eine Bauwesenversicherung abgeschlossen. Dem Versicherungsvertrag liegen unter anderem die Allgemeinen Bedingungen für die Bauwesenversicherung für Gebäudeneubauten durch Auftraggeber (ABN 1986) zugrunde. Eingeschlossen in den Vertrag ist das Diebstahlsrisiko nach Maßgabe von §2 Abs. 2 ABN. Eines Nachts wurden maßgefertigte Fensterflügel und Innentürblätter entwendet. Diese waren bereits in fest verdübelte Rahmen bzw. Zargen eingebaut gewesen. Eigenheim möchte von der Versicherung Ersatz und beruft sich auf §2 Abs. 2 der ABN. Die Versicherung behauptet jedoch, der Lieferant habe diese Gegenstände unter Eigentumsvorbehalt geliefert und sie später wieder abgeholt, weil sie nicht vollständig bezahlt worden seien.

Ist der Versicherungsfall eingetreten, bzw. was muß der Versicherte beweisen, damit die Versicherung zahlen muß?

Antwort:
Gemäß §2 Abs. 2 der ABN wird eine Entschädigung für Verluste durch Diebstahl für mit dem Gebäude fest verbundene Bestandteile geleistet. Maßgefertigte Fensterflügel und Türblätter sind dann fest verbundene, versicherte Bestandteile im Sinne des §2 Abs. 2 der ABN, wenn sie in fest verdübelte Rahmen bzw. Zargen eingebaut sind. Dies ist hier der Fall. Der Täter müßte jedoch auch rechtswidrig gehandelt haben. Dies ist der Fall, wenn er keinen Anspruch auf die entwendeten Gegenstände hat. Behauptet der Täter einen solchen Anspruch, so muß bewiesen werden, daß er einen solchen Anspruch nicht hat. Vorliegend müßte Eigenheim also beweisen, daß der Lieferant keinerlei Anpruch gegen ihn hatte. Gelingt ihm dies, so liegt ein Diebstahl vor und §2 ABN kommt zur Anwendung.

Merke:
In der Bauwesenversicherung gilt für Verluste durch Diebstahl der strafrechtliche Begriff des Diebstahls einschließlich der subjektiven Zueignungsabsicht mit der Beweiserleichterung des äußeren Bildes. Mit dem Gebäude fest verbundene, versicherte Bestandteile können auch maßgefertigte Fensterflügel und Türblätter sein, die in fest verdübelte Rahmen bzw. Zargen eingebaut sind.

Angesprochene Rechtsquellen:

§§ 93 ff BGB
Stichwort:Bauwesenversicherung, Diebstahl von Fenstern und Türen
Urteil: BGH vom 29.06.1994 (IV ZR 129/93)

Fall B 95 (+)

Können Bauverträge widerrufen werden?

Bauherr Eigenheim schließt mit Unternehmer Baufix einen Vertrag über die Lieferung eines bestimmten Bauplatzes. Es wird vereinbart, daß Eigenheim den Preis erst nach 10 Wochen zu bezahlen hat.
Eigenheim widerruft jedoch dieses Geschäft 4 Wochen später (unter Hinweis auf das Verbraucherkreditgesetz). Baufix will am Geschäft festhalten und meint, daß ein Widerruf nicht möglich sei, da das Verbraucherkreditgesetz nicht anwendbar sei. Darüber hinaus sei der Widerruf verspätet.

Zu Recht?

Antwort:
Der Widerruf ist wirksam. Auch auf Bausatzverträge ist das Verbraucherkreditgesetz grundsätzlich anwendbar. Eine Ausnahme nach §3 Verbraucherkreditgesetz würde nur dann vorliegen, wenn die Kreditgewährung (Zahlungsaufschub von 10 Wochen) nicht unentgeltlich wäre. Somit fällt hier der Bausatzvertrag uneingeschränkt unter §2 Nr. 1 Verbraucherkreditgesetz. Somit konnte der Vertrag auch grundsätzlich widerrufen werden. Zwar muß dies innerhalb einer Woche geschehen, jedoch nur dann, wenn der Verbraucher über die Widerrufsmöglichkeit extra belehrt worden ist. Da dies hier nicht der Fall war, konnte Eigenheim gemäß §7 Verbraucherkreditgesetz widerrufen.

Merke:

Bausatzverträge fallen uneingeschränkt unter §2 Nr. 1 Verbraucherkreditgesetz. Sie können deshalb auch widerrufen werden. Die Ausnahme aus §3 I Nr. 3 Verbraucherkreditgesetz ist nur anwendbar, wenn das Geschäft des Bausatzlieferanten mit einer <u>entgeltlichen</u> Kreditgewährung an den Bewerber verbunden ist.

Angesprochene Rechtsquellen:

---

§ 2, 3 Verbraucherkreditgesetz
Stichwort: Bausatzvertrag, Verbraucherkreditgesetz, Widerrufsrecht
Urteil: OLG Köln vom 09.05.1995 (15U 149/94)

Fall B 96 (+)

Was ist die Folge, wenn ein Werkvertrag mangels wirksamer Vergütungsabrede unwirksam ist?

Eigenheim hatte Malerarbeiten im Sinne der VOB/A ausgeschrieben. Auf diese Ausschreibung hin gab Malermeister Pinsel ein Angebot ab. Dieses war offensichtlich so unklar, daß die Parteien von unterschiedlichen Preisabsprachen ausgingen, was sie nach dem Wortlaut des Angebotes auch konnten. Als Eigenheim nach Abschluß der Arbeiten die wesentlich höhere Rechnung erhielt, bezahlte er lediglich einen üblichen Preis. Damit war Pinsel nicht einverstanden und forderte mehr.

Wie ist die rechtliche Situation hier zu bewerten?

Antwort:
Die rechtliche Situation stellt sich hier äußerst kompliziert dar. Da beide Parteien den Werkvertrag nur zu dem Preis abschließen wollten, den sie sich vorstellten, haben die Parteien über einen Punkt, von dem das Zustandekommen des Vertrages abhängen sollte, tatsächlich keine Einigung erzielt, so daß ein vertraglicher Vergütungsanspruch mangels Vertragsschluß ausscheidet. Dem Pinsel könnte lediglich ein Zahlungsanspruch aus Bereicherungsrecht zustehen. Nach bereicherungsrechtlichen Grundsätzen könnte Pinsel höchstens den Wert des Erlangten verlangen. Ist dieser Wert der Unterschied zwischen der üblichen und der vom günstigsten Bieter geforderten Vergütung, so ist von diesem Betrag ein Abschlag vorzunehmen, da Eigenheim aufgrund des nichtigen Vertrages keine Gewährleistungsansprüche zu stellen hat, so daß auch hier keine Bereicherung mehr vorliegt.

Merke:
Kommt wegen Dissenses über die Höhe der Vergütung ein wirksamer Werkvertrag mit dem günstigsten Bieter einer Ausschreibung nicht zustande, so kann der Bieter nicht ohne weiteres den Differenzpreis zwischen seinem eigenen Preis und dem Preis des nächsthöheren Bieters aus dem Gesichtspunkt der Bereicherung des ausschreibenden Bestellers verlangen.

Angesprochene Rechtsquellen:

§§ 631, 818 BGB
Stichwort: Bereicherungsanspruch, Dissens über Vergütung, Wertersatz
Urteil: OLG Koblenz vom 01.01.1994 (5 U 1240/92)

Fall B 97 (+)

Ist eine Finanzierungsklausel, wonach der Bauherr eine unwiderrufliche Zahlungsgarantie einer Bank spätestens 4 Wochen vor Baubeginn vorlegen muß, wirksam?

Eigenheim hatte mit Bauunternehmer Baufix einen Bauvertrag geschlossen. Dem Vertrag lagen die AGBs des Baufix zugrunde. Dort hieß es unter anderem: Zum Nachweis, daß die Finanzierung des Bauvorhabens gesichert ist, muß der Auftraggeber eine unwiderrufliche Zahlungsgarantie einer Bank vorlegen. Sollte die Zahlungsgarantie nicht spätestens 4 Wochen vor Baubeginn vorliegen, kann Baufix vom Vertrag zurücktreten. Für den Fall des Rücktritts hat Baufix Anspruch auf erbrachte Vorleistungen. Bei Nachweis kann ein weitergehender Schaden geltend gemacht werden. Unmittelbar nach Abschluß des Vertrages wurde mit den Bauarbeiten begonnen. Als Eigenheim Mängelbeseitigung verlangte, rügte Baufix plötzlich das Nichtvorliegen einer entsprechenden Zahlungsgarantie.

Kann der Unternehmer dies verlangen?

Antwort:
Baufix könnte dies nur verlangen, wenn die Klausel in seinen Allgemeinen Geschäftsbedingungen wirksam wäre. Diese Klausel verstößt jedoch gegen §11 Nr. 2 AGB-Gesetz. Sie ist nämlich eindeutig dahin zu verstehen, daß dadurch eine nicht durch Einwendungen und Einreden beschränkbare Zahlungsgarantie gefordert wird. D. h., Einreden und Einwendungen des Bauherren werden hier in gewisser Weise umgangen. Aufgrund dieser Klausel muß nämlich selbst dann bezahlt werden, wenn erhebliche Mängel vorliegen. Somit sind die Klauseln nach Sachlage dazu bestimmt und jedenfalls dazu geeignet, dem Bauherrn Leistungsverweigerungsrechte aus dem §320 BGB wegen Mängeln der Leistung und auch Einwendungen wegen Nichterfüllung der gesetzlichen Vorleistungsverpflichtungen abzuschneiden. Aus diesem Grund ist diese Klausel unwirksam.

Merke:
Eine Klausel in AGB des Bauunternehmers, wonach der Bauherr eine unwiderrufliche Zahlungsgarantie einer Bank vorlegen muß und andernfalls der Unternehmer vom Vertrag zurücktreten kann, ist unwirksam.

Angesprochene Rechtsquellen:

§ 9, 11 Nr. 2 AGB-Gesetz
Stichwort: Finanzierungsklausel, Bankgarantie
Urteil: BGH vom 16.09.1993 (VII ZR 206/92)

Fall B 98 (+)

Was hat das Gericht zu beachten, wenn wegen Mangelbedenken auf Nutzungsausfall geklagt wird und nur ein verhältnismäßig kurzer Zeitraum zur Mängelbeseitigung zugestanden wird?

Geldmacher, Eigentümer einer Werkstatt, läßt diese von Baufix renovieren. Nach Fertigstellung muß Geldmacher feststellen, daß die Ausführung mangelhaft ist. Dies geht sogar so weit, daß er einen Nutzungsausfall hinnehmen muß. Er verlangt deshalb vom Unternehmer Ersatz dieses Ausfalles. Zur Sicherung seiner Ansprüche läßt er mehrere Beweisverfahren durchführen. Da sich Baufix weigert, den Nutzungsausfall zu bezahlen, reicht Geldmacher Klage ein. Dadurch verzögert sich die Behebung der Baumängel erheblich. Der Nutzungsausfall des Geldmachers wird immer größer.

Was muß das Gericht bei seiner Urteilsfindung beachten?

Antwort:
Zunächst ist zu beachten, daß der Bauherr, will er wegen eines Mangelbedenken Schadenersatz wegen Nutzungsausfall verlangen, sich grundsätzlich um eine baldmögliche Behebung der Baumängel bemühen muß.

Bei der Beurteilung durch das Gericht, wie lange ein solcher Zeitraum bemessen sein kann, hat es die festgestellten Umstände, die für die Zeitbemessung maßgebend waren, gegeneinander abzuwägen. Zu beachten ist insbesondere der Zeitaufwand, der für die Durchführung mehrerer Beweisverfahren verloren geht oder durch die Hinzuziehung mehrerer gerichtlicher Sachverständiger im Verfahren aufgewendet werden muß.

Merke:

Will ein Bauherr wegen eines Mangelbedenken Schadenersatz wegen Nutzungsausfall verlangen, muß er sich grundsätzlich um eine baldmögliche Behebung der Baumängel bemühen. Wie lange oder wie kurz dieser Zeitraum ausfällt, ist vom Einzelfall abhängig.

Angesprochene Rechtsquellen:

§§ 635 BGB; 286 ZPO
Stichwort: Nutzungsausfall Schadenmindungspflicht, Mängelbeseitigung
Urteil: BGH Urteil vom 27.04.1995 (VII ZR 14/94)

Fall B 99 (+)

Kann die Wirksamkeit von Nachtragsvereinbarungen in einem Schlüsselfertig-Bauvertrag von der Schriftform abhängig gemacht werden?

Bauträger Schöner-Formen schließt mit Bauunternehmer Baufix einen VOB-Bauvertrag über die Errichtung eines schlüsselfertigen Hauses ab. In den Allgemeinen Geschäftsbedingungen finden sich folgende Klauseln:
1. Nachtragsvereinbarungen bedürfen der Schriftform. Der Verzicht auf dieses Formerfordernis kann nur schriftlich erklärt werden.
2. Führt der Unternehmer Zusatzleistungen ohne schriftliche Nachtragsvereinbarung aus, so hat er auch dann keinen Anspruch auf Zusatzvergütungen, wenn die Parteien an den Formzwang nicht gedacht haben.
3. Der Unternehmer kann allenfalls den Einwand der Treuwidrigkeit erheben, wenn der Auftraggeber die Einhaltung der Schriftform bewußt vereitelt hat.
Baufix erbringt aufgrund mündlicher Nachtragsvereinbarungen Leistungen und verlangt Zusatzvergütung. Schöner-Formen lehnt diese jedoch unter Hinweise auf ihre Klauseln ab. Baufix meint, diese Klausel müsse unwirksam sein.

Sind diese Klauseln tatsächlich unwirksam?

Antwort:
Die Klauseln sind voll wirksam. Eine solche Klausel benachteiligt den Unternehmer nicht unverhältnismäßig. Ein solcher unverhältnismäßiger Nachteil läge dann vor, wenn der Bauherr die Schriftform treuwidrig vereiteln und sich dann auf die fehlende Schriftform berufen würde. Da Nr. 3 der Klausel jedoch ausdrücklich den Einwand der Treuwidrigkeit gewährt, ist die Verhältnismäßigkeit der Klausel gewährt. Deshalb ist ein Verstoß gegen das AGBG nicht ersichtlich. Die Klausel ist wirksam.

Merke:

In einem Schlüsselfertig-Bauvertrag ist folgende Individual-Klausel wirksam:
1. Nachtragsvereinbarungen bedürfen der Schriftform. Der Verzicht auf diese Formerfordernisse kann nur schriftlich erklärt werden.
2. Führt der Unternehmer Zusatzleistungen ohne schriftliche Nachtragsvereinbarung aus, so hat er auch dann keinen Anspruch auf Zusatzvergütung, wenn die Parteien an den Formzwang nicht gedacht haben.
3. Der Unternehmer kann allenfalls den Einwand der Treuwidrigkeit erheben, wenn der Auftraggeber die Einhaltung der Schriftform bewußt vereitelt hat.

Angesprochene Rechtsquellen:

§§ 125, 632 BGB; § 2 Nr. 7 VOB/B
Stichwort: Pauschalpreis, Schriftformklausel für Nachträge
Urteil: OLG Karlsruhe vom 11.07.1994 (17 U 212/92)

Fall B 100 (+)

Muß der Unternehmer, der auf einem unzureichend verdichteten Untergrund Platten zu verlegen hat, seine Bedenken hinsichtlich der ordnungsgemäßen Ausführung anmelden?

Paul Steiner soll Pflasterarbeiten rund um den Neubau des Eigenheim erledigen. Dazu wurde ein VOB-Werkvertrag abgeschlossen. Als Steiner mit den Arbeiten beginnen will, muß er feststellen, daß es u. U. Probleme geben könnte, da der Untergrund nicht hinreichend verdichtet ist. Insbesondere befürchtet er, daß der Untergrund an einigen Stellen noch nachgeben könnte. Dennoch teilt er diese Bedenken Eigenheim nicht mit. Als einige Zeit nach dem Abschluß der Arbeiten tatsächlich der Untergrund an einigen Stellen nachgibt und sich regelrechte Mulden bilden, verlangt Eigenheim die Beseitigung dieser Mängel. Steiner lehnt dies mit der Begründung ab, daß die unzureichende Verdichtung in den Gefahrenbereich des Eigenheim fällt, und er somit hierfür keine Gewährleistung zu tragen hat.

Sind Ansprüche des Eigenheim gegen Steiner auf Mängelbeseitigung tatsächlich ausgeschlossen?

Antwort:
Eigenheim hat Gewährleistungsansprüche gegen Steiner. Gemäß §4 Nr. 3 VOB/B trifft den Unternehmer regelmäßig eine Hinweispflicht, wenn er Bedenken gegen die vorgesehene Art der Ausführung, gegen die Güte der vom Auftraggeber gelieferten Stoffe oder Bauteile oder gegen die Leistung anderer Unternehmer hat. Diese Bedenken hat der Unternehmer dem Auftraggeber schriftlich mitzuteilen. Steiner hätte seine Bedenken Eigenheim hinsichtlich des unzureichend verdichteten Untergrunds schriftlich mitteilen müssen. Dem ist Steiner nicht nachgekommen, so daß er gewährleistungspflichtig bleibt.

Merke:
Ein Unternehmer, der auf einem unzureichend verdichteten Untergrund Platten zu verlegen hat, muß ebenso Bedenken anmelden wie ein Unternehmer, der einen teilweise mit Bauschutt angefüllten Arbeitsraum antrifft. Ansonsten kommt er seiner Hinweispflicht aus §4 Nr. 3 VOB/B nicht nach und kann sich später nicht haftungsbefreiend auf die mangelhafte Vorarbeit berufen.

Angesprochene Rechtsquellen:

§ 4 Nr. 3 VOB/B
Stichwort:Prüfungs- und Hinweispflicht, Arbeitsraumverfüllung, Verdichtung
Urteil: OLG Köln vom 17.06.1994 (19 U 118/93)

Fall B 101 (+-)

Kann der Richter, dem ein in einem anderen Verfahren erstattetes Gutachten für die Klärung einer bestimmten Frage nicht ausreicht, einen Sachverständigen hinzuziehen und eine schriftliche oder mündliche Begutachtung anordnen?

Richter Geduldig hat über eine Streitigkeit zwischen dem Bauherrn Eigenheim und dem Bauunternehmer Baufix zu entscheiden. Zur Klärung des strittigen Sachverhaltes zieht er u. a. ein bereits in einem anderen Verfahren erstattetes Gutachten heran. Geduldig weist darauf hin, daß ihm dieses Gutachten nicht zur endgültigen Beantwortung der Frage ausreichen wird und regt an, sich in einem Vergleich zu einigen. Die Parteien lehnen jedoch ab. Jeder meint, er sei im Recht. Richter Geduldig beauftragt einen weiteren Sachverständigen und ordnet die schriftliche Begutachtung zu dem Beweisthema an. Darüber sind die Parteien nicht erfreut, da die Kosten für das Gutachten erheblich sein werden.

Konnte der Richter einfach einen Sachverständigen hinzuziehen und die Begutachtung anordnen?

Antwort:
Ja, der Richter konnte den Sachverständigen hinzuziehen. Reichen nach Ansicht des Richters die Ausführungen eines in einem anderen Verfahren erstatteten Gutachtens, das der Richter urkundenbeweislich verwerten kann, nicht aus, um die von einer Partei dazu bestellten aufklärungsbedürftigen Fragen zu beantworten, dann muß er sogar einen Sachverständigen hinzuziehen und eine schriftliche oder mündliche Begutachtung anordnen.

Merke:

Reichen die angebotenen Beweise für den Richter nicht aus, so hat er einen Gutachter mit der schriftlichen oder mündlichen Begutachtung zu beauftragen.

Angesprochene Rechtsquellen:

§ 402 ZPO
Stichwort: Sachverständigen-Gutachten, Urkundenbeweis
Urteil: BGH vom 08.11.1994 (VI ZR 207/93)

Fall B 102 (+)

Gehört das selbständige Beweisverfahren schon vor Anhängigkeit der Hauptsache zum Rechtszug?

Zur Sicherung von Beweisen hat Eigenheim den Rechtsanwalt Gierig mit der Durchführung eines selbständigen Beweisverfahrens beauftragt. Zweck dieses Beweisverfahrens war es, Beweise im Verfahren gegen den Bauunternehmer zu sichern, aber dennoch mit den Bauarbeiten fortfahren zu können. Später kommt es dann tatsächlich zu einem Prozeß, den Eigenheim verliert. Zu allem Ärger kommt dann auch noch die Rechnung des Rechtsanwaltes Gierig. Dieser hat in seiner Rechnung 5 Gebühren berechnet. Dabei hat er neben den 3 Gebühren für die Hauptsache 1 weitere Prozeßgebühr und 1 Beweisgebühr für das selbständige Beweisverfahren berechnet. Damit ist Eigenheim nicht einverstanden. Er meint, 3 Gebühren für die Hauptsache seien ausreichend.

Zu Recht?

Antwort:
Eigenheim ist zumindest gegenüber Gierig im Recht. Der Anwalt kann tatsächlich nur 3 Gebühren verlangen. Eine Prozeßgebühr und Beweisgebühr für das selbständige Beweisverfahren gibt es nicht. Das selbständige Beweisverfahren gehört schon vor der Anhängigkeit der Hauptsache, also vor Klageeinreichung, zum Rechtszug. Führt der Anwalt ein selbständiges Beweisverfahren durch, so kann er grundsätzlich eine Prozeßgebühr und eine Beweisgebühr für dieses Verfahren berechnen. Kommt es dann tatsächlich zu einem Prozeß, so kann er lediglich eine weitere Gebühr berechnen.

Merke:
Vertritt der Anwalt die Partei zunächst im selbständigen Beweisverfahren und dann in der Hauptsache, so entstehen nicht 5 Gebühren (Prozeßgebühr und Beweisgebühren für das selbständige Beweisverfahren und 3 Gebühren für die Hauptsache), sondern nur 3 Gebühren.

Angesprochene Rechtsquellen:

§§ 48, 37 Nr. 3, 13 BRAO
Stichwort: Selbständiges Beweisverfahren, Anwaltsgebühren
Urteil: OLG Koblenz Beschluß vom 04.06.1993 (14 W 320/93)

Fall B 103 (+)

Wer trägt nach der Abnahme der Werkleistung die Darlegungs- und Beweislast für den Grund und die Höhe seiner Werklohnforderung?

Der Besitzer des Bräustüberls, Herr Wirt, ließ von Raumausstatter Sattler seine Gaststube renovieren. Nach dem Abschluß der Arbeiten, die zur Zufriedenheit des Wirt ausgefallen waren, nahm dieser die erbrachten Leistungen ab. Daraufhin stellte Sattler seine Schlußrechnung. Mit dieser war Herr Wirt nicht einverstanden. Er bemängelte vor allem, daß die Höhe der Werklohnforderung nicht nachvollziehbar war. Er verweigerte deshalb die Bezahlung. Herr Wirt war der Auffassung, daß Sattler den Grund und die Höhe seiner Werklohnforderung darlegen und beweisen müsse. Sattler war anderer Auffassung und meinte, die Darlegungs- und Beweislast würde nach der Abnahme auf den Auftraggeber übergeben.

Wer hat Recht?

Antwort:
Hier irrt Sattler. Die Abnahme der Werkleistung führt nicht zu einer Umkehr der Darlegungs- und Beweislast. Grund und Höhe einer Werklohnforderung hat der Unternehmer auch nach der Abnahme der Werkleistung darzulegen und zu beweisen.

Merke:
Auch nach der Abnahme der Werkleistung hat der Unternehmer die Darlegungs- und Beweislast für den Grund und die Höhe seiner Werklohnforderung.

Angesprochene Rechtsquellen:

§ 640 BGB; § 282 ZPO
Stichwort: Abnahme, Voraussetzungen, Beweislast für Vergütung
Urteil: BGH vom 13.10.1994 (VII ZR 139 /93)
Fundstelle: Baurecht 1995, 91

Fall B 104 (+)

Ist eine Vertretung ohne ausdrückliche Bevollmächtigung möglich?

Fritz Fleißig hatte den Bauunternehmer Stein mit der Errichtung eines Wohnhauses beauftragt. Bei Problemen wandte sich Stein regelmäßig an den Architekten Maler. Maler trat dabei auch des öfteren als Vertreter des Fleißig auf, ohne von diesem beauftragt worden zu sein. Als Maler in der Arbeit des Stein einige Fehler entdeckte, setzte er diesem eine Frist zur Beseitigung, andernfalls werde er den Bauvertrag kündigen. Nach fruchtlosem Fristablauf kündigte Maler Stein. Dieser meinte, diese Kündigung sei unwirksam, da Maler nicht von Fleißig beauftragt sei.

Zu Recht?

Antwort,
Die Kündigung ist hier voll wirksam. Zwar liegt eine ausdrückliche Bevollmächtigung des Maler durch Fleißig nicht vor, im vorliegenden Fall handelt es sich vielmehr um eine Duldungsvollmacht. Eine solche Duldungsvollmacht liegt dann vor, wenn der Vertreter fortgesetzt auftritt, der Vertretene Kenntnis über das Auftreten des Vertreters hat und dies duldet und letztlich der Geschäftspartner in gutem Glauben ist. Diese Voraussetzungen sind hier alle erfüllt. Somit ist die Kündigung wirksam.

Merke:

Die Auftragsentziehung durch den Architekten im Namen des Bauherren ohne Vorlage der Vollmacht kann der Auftragnehmer nicht wirksam gemäß §174 BGB zurückweisen, wenn der Architekt bei Begründung und Durchführung des Bauvertrages bereits wiederholt als Vertreter des Bauherren aufgetreten ist, ohne daß der Auftragnehmer jemals den fehlenden Nachweis der Vollmacht beanstandet hat.

Angesprochene Rechtsquellen:

§ 174 BGB
Stichwort: Bevollmächtigung des Architekten
Urteil: OLG Düsseldorf vom 15.12.1995 (22 U 138/95)
Fundstelle: IBR 1996, 146

Fall B 105 (+)

Was ist die Folge, wenn die einem Generalübernehmer-Vertrag zugrunde liegende Planung nicht genehmigungsfähig ist?

Ronlad möcht ein Haus bauen, aber so wenig wie möglich mit dem Hausbau belastet werden. Deshalb schließt Ronlad mit Quax einen Generalübernehmer-Vertrag. Das Bauwerk kommt jedoch nicht zustande, da die Baugenehmigung versagt wird. Aus diesem Grund kündigt Ronald den Generalübernehmer-Vertrag.

Zu Recht?

Antwort,
Da die dem Generalübernehmer-Vertrag zugrunde liegende Planung nicht genehmigungsfähig war, wurde die Leistung des Quax nachträglich unmöglich. Da Quax hier für die Baugenehmigung verantwortlich war, fällt die Versagung in seinen Risikobereich. Somit konnte Ronald gemäß §325 Abs. 1 BGB vom Vertrag zurücktreten. Die Kündigung des Ronald ist somit als Rücktrittserklärung auszulegen. Er ist wirksam zurückgetreten.

Merke:
Ist die einem Generalübernehmer-Vertrag zugrunde liegende Planung nicht genehmigungsfähig, so ist die Leistung des Generalübernehmers nachträglich unmöglich im Sinne der §§ 323 ff BGB. Ist der Generalübernehmer für die Baugenehmigung verantwortlich, so fällt die Versagung in seinen Risikobereich. Der Bauherr kann gemäß §325 Abs. 1 BGB vom Vertrag zurücktreten. An diesem Ergebnis ändert sich nichts dadurch, daß zwischen den Parteien die VOB/B vereinbart ist.

Angesprochene Rechtsquellen:

§ 325 BGB; § 635 BGB
Stichwort: Generalübernehmer-Vertrag
Urteil: KG Berlin vom 06.10.1989 (7 U 2740/89)
Fundstelle: IBR 1994, 50

Fall B 106 (+)

Ist eine Vorleistungsklausel, die dem Auftraggeber Einwendungen aus Gewährleistungsansprüchen verwehrt, in AGB wirksam?

Ronald hatte mit der Formbau-GmbH einen Bauvertrag geschlossen. Die Formbau-GmbH sollte ein Einfamilienhaus errichten. In den Allgemeinen Geschäftsbedingungen der Formbau-GmbH hieß es unter anderem, daß der Auftraggeber vorleistungspflichtig sei. Nach einiger Zeit bekommt Ronald das erste Abschlagszahlungsverlangen der Fombau-GmbH. Ronald verweigert die Bezahlung, da die bereits erbrachten Leistungen fehlerhaft sind (was zutrifft). Die Formbau-GmbH beharrt weiterhin auf Zahlung, da Ronald gemäß den AGB-Bestimmungen vorleistungspflichtig ist. Aus diesem Grund seien ihm die Einwendungen aus Gewährleistungsansprüchen verwehrt.

Zu Recht?

Antwort:
Die Auffassung der Formbau-GmbH ist nicht zutreffend. Eine solche Klausel verstößt im allgemeinen Verkehr gegen §9 AGB-Gesetz. Etwas anderes gilt lediglich im kaufmännischen Verkehr. Im kaufmännischen Verkehr, d. h. wenn beide Parteien als Kaufleute auftreten, ist eine solche Klausel wirksam. Im vorliegenden Fall ist Ronald jedoch kein Kaufmann, so daß diese Klausel hier unzulässig ist.

Merke:
Die von einem Bauträger im Rahmen allgemeiner Geschäftsbedingungen gestellte Vorleistungsklausel, die dem Auftraggeber Einwendungen aus Gewährleistungsansprüchen verwehrt, verstößt im kaufmännischen Verkehr nicht gegen §9 AGB-Gesetz.

Angesprochene Rechtsquellen:

§ 9 AGB-Gesetz
Stichwort: Vorleistungsklausel im Bauträgervertrag
Urteil: OLG Düsseldorf vom 27.06.1995 (23 U 77/95)
Fundstelle: IBR 1995, 512

Fall B 107 (+)

Was ist die Folge, wenn das erstinstanzliche Gericht einen gebotenen Hinweis auf die fehlende Prüfbarkeit der Abrechnungsweise unterläßt?

Bauherr Penibel hatte mit Bauunternehmer Murks einen VOB-Bauvertrag geschlossen. Murks sollte den Rohbau des Penibel errichten. Da Murks mit seinen Arbeiten nicht zügig genug vorangekommen ist, kündigte Penibel. Die Fertigstellung übernahm ein anderer Bauunternehmer. Penibel sind durch die Fertigstellung durch einen anderen Bauunternehmer mehr Kosten entstanden. Diese möchte er nun von Murks ersetzt haben. Ein solcher Anspruch besteht unzweifelhaft. Dennoch ist er in erster Instanz unterlegen. Sein Anwalt rät ihm, Berufung einzulegen. Wird diese Erfolg haben?

Antwort:
Eine Berufung wird im vorliegenden Fall Erfolg haben. Es ist nicht ersichtlich, daß das erstinstanzliche Gericht Penibel darauf hingewiesen hat, daß seine Abrechnungsweise nicht prüfbar war. Dies stellt einen Verfahrensfehler dar, der zur Folge hat, daß das Urteil aufzuheben und die Sache zurückzuverweisen ist. Ist das Verfahren jedoch wieder an der ersten Instanz, so kann Penibel die fehlende Abrechnungsweise nachholen.

Merke:
Unterläßt das erstinstanzliche Gericht wegen unzureichender Schlüssigkeitsprüfung einen gebotenen Hinweis an den klagenden Bauherrn auf die fehlende Prüfbarkeit seiner Abrechnungsweise, dann ist wegen eines Verfahrensfehlers das Urteil aufzuheben und die Sache zurückzuverweisen.

Angesprochene Rechtsquellen:

§ 8 Nr. 3, Abs. 2 VOB/B; 4 VOB/B
Stichwort: Kündigungsfolgen, Mehrkostennachweis des Auftraggebers
Urteil: OLG Celle vom 18.05.1995 (14 U 108/94)
Fundstelle: NJWRR 1996, 343

Fall B 108 (+)

Wer trägt nach erfolgter Abnahme die Beweislast für die Mangelhaftigkeit der Werkleistung?

Die Firma Trippel war von Herrn Leise beauftragt worden, eine Treppe in seinem Einfamilienhaus zu errichten. Als die Arbeiten fertig waren, nahm Leise die Treppe ab. Es sollte sich jedoch später herausstellen, daß die Schallschutzvorgaben des Leise nicht eingehalten waren. Leise stellte darüber hinaus fest, daß die Auftrittsbreiten nicht der DIN 18065 entsprach. Er behauptete deshalb, daß die Treppe mangelhaft sei, da sie nicht den anerkannten Regeln der Technik, insbesondere nicht den DIN-Vorschriften, entsprach. Trippel hält dem entgegen, daß die Nichteinhaltung der Schallschutzvorgaben, so weit diese überhaupt vorliegen, nicht auf die Nichteinhaltung der DIN 18065 zurückzuführen sei. Im übrigen müsse ein derartiger Mangel erst noch bewiesen werden. Muß Trippel die Mangelfreiheit oder Leise die Mangelhaftigkeit beweisen?

Antwort:
Vorliegend muß Trippel die Mangelfreiheit beweisen. Zwar ergibt sich die Mangelhaftigkeit nicht allein daraus, daß DIN-Normen, also die anerkannten Regeln der Technik, nicht eingehalten wurden, diese führt jedoch zu einer Beweislastumkehr. Das heißt, Trippel muß beweisen, daß der behauptete Mangel nicht vorliegt. Gelingt ihm dies nicht, so ist er zum Ersatz des daraus entstandenen Schadens verpflichtet.

Merke:
Ein Mangel im Sinne des §633, 1, BGB folgt nicht schon daraus, daß die **Auftrittsbreiten** von Treppenstufen die Maßvorgaben der **DIN 18065** nicht einhalten. Die Nichteinhaltung von anerkannten Regeln der Technik führt zu einer Umkehr der Darlegungs- und Beweislast des Unternehmers nach erfolgter Abnahme dafür, daß seine Werkleistung nicht mangelhaft ist.

Angesprochene Rechtsquellen:

§ 633 BGB
Stichwort: Mangel, Verstoß gegen anerkannte Regeln der Technik, Beweislastumkehr
Urteil: OLG Hamm vom 13.04.1994 (12 U 171/93)
Fundstelle: NJWRR 1995, 17

Fall B 109 (+)

Liegt bereits ein Fehler vor, wenn die anerkannten Regeln der Technik nicht eingehalten sind?

Leise hatte Trippel mit der Errichtung einer Treppe beauftragt. Die Treppe ging entlang einer Wohnungstrennwand. Nach der Fertigstellung der Treppe beschwerte sich der Nachbar darüber, daß die Begehung der Treppe einen unzumutbaren Lärm mache. Leise hält deshalb die Treppe für mangelhaft. Dem hält Trippel jedoch entgegen, daß die entsprechende DIN-Norm keine Schallschutzmaße enthält. Schon deshalb sei ein Mangel ausgeschlossen.

Zu Recht?

Antwort:
Die Auffassung des Trippel ist hier unzutreffend. Er hat die Entstehung eines mangelfreien und zweckgerechten Werkes zu gewährleisten. Ein Fehler liegt dann vor, wenn er diesen Anforderungen nicht gerecht wird. Dabei kommt es nicht darauf an, ob die anerkannten Regeln der Technik eingehalten sind. Aus diesem Grund ist die Annahme eines Schallschutzmangels bei einer Wohnungstreppe nicht schon deshalb ausgeschlossen, weil die DIN-Norm bei Wohnungstrennwänden keine Schallschutzmaße enthält. Ist also das erträgliche Maß an Schall überschritten, so liegt tatsächlich ein Fehler vor. Dies muß jedoch erst noch bewiesen werden.

Merke:
Der Unternehmer hat die Entstehung eines mangelfreien, zweckgerechten Werkes zu gewährleisten. Entspricht seine Leistung nicht diesen Anforderungen, so ist sie fehlerhaft, und zwar unabhängig davon, ob die anerkannten Regeln der Technik eingehalten worden sind.

Angesprochene Rechtsquellen:

§ 633 BGB; § 13 Nr. 1 VOB/B
Stichwort: Mangelhafte Bauleistung, anerkannte Regeln der Technik
Urteil: BGH vom 19.01.1995 (VII ZR 131/93)
Fundstelle: Baurecht 1995, 230

Fall B 110 (+)

Ist eine 2,70 m lange Küchenzeile mangelhaft, wenn die dazugehörige Stellwand 3,08 m lang ist?

Der Koch Smöre hat eine kleine Wohnung bezogen. Für diese Wohnung benötigt er noch eine Küchenzeile. Er nimmt deshalb Kontakt mit dem Küchenhersteller Schwarzbein auf. Schwarzbein kommt in die Wohnung von Smöre, um die Küchenzeile genau auszumessen und um die bestmögliche Lösung zu finden. Es kommt zu einem Vertragsabschluß. Einige Zeit später werden 4 ½ Elemente wie bestellt geliefert. Nach deren Einbau muß Smöre jedoch feststellen, daß auch 5 Elemente leicht Platz gehabt hätten. Er verlangt deshalb Minderung, da er der Auffassung ist, hierin länge ein Mangel.

Zu Recht?

Antwort:
Hier liegt tatsächlich ein Mangel vor. Der Mangel ist darin zu sehen, daß Schwarzbein Smöre über die sich geradezu aufdrängende bestmögliche Nutzung des zur Verfügung stehenden Aufstellungsplatzes aufgrund des üblichen Rastermaßes für Einbauküchen von 0,60 x 5 = 3,00 m berät und entsprechend plant. Ein Mangel ist also gegeben.

Merke:
Eine nach Verkaufsberatung in der Wohnung des Kunden für eine Stellwand von 3,08 m gelieferte Küchenzeile von 2,70 m ist mangelhaft, wenn der Unternehmer den Kunden nicht ausreichend über die sich geradezu aufdrängende bestmögliche Nutzung des zur Verfügung stehenden Aufstellungsplatzes aufgrund des üblichen Rastermaßes für Einbauküchen von 0,60 x 5 = 3,00 m berät und entsprechend plant.

Angesprochene Rechtsquellen:

§ 635 BGB
Stichwort: Mangelhafte Küchenplanung, Beratungspflicht
Urteil: OLG Düsseldorf vom 02.06.1995 (22 U 215/94)
Fundstelle: OLG REP 1996/13

Fall B 111 (+)

Wann verjähren Mängelansprüche bei einem Werkvertrag?

Installateur Röhrig sollte bei Jutta Installationsarbeiten durchführen. Er hatte unter anderem einen Unterputz-Wandspülkasten im Bad/WC des ersten Obergeschosses zu installieren. Aufgrund einer unzureichenden Installation des Auslaufstutzens und des Spülrohrbogens kommt es zu einer Beschädigung des Fußbodens, der tragenden Deckbalken und der aufgeklebten Fliesen. Dieser Schaden trat erst einige Zeit nach Beendigung der Arbeiten auf und wurde noch später geltend gemacht. Als Jutta nun Schadenersatz verlangt, meint Röhrig, ein Schadensersatzanspruch, der zweifellos bestehe, sei längst verjährt. Dies ergebe sich aus §638 Abs. 1 BGB.

Zu Recht?

Antwort:
Tatsächlich ist der Schadenersatzanspruch hier noch nicht verjährt. Vorliegend handelt es sich um einen mittelbaren Mangelfolgeschaden. Grundsätzlich ist bei Schadenersatzansprüchen zwischen Mangelschaden und Mangelfolgeschaden zu unterscheiden. Beim Werkvertrag besteht zusätzlich die Besonderheit, daß zwischen unmittelbaren und mittelbaren Mangelfolgeschäden unterschieden wird. Die Frage, ob Mangel- oder Mangelfolgeschäden vorliegen, bemißt sich bei der folgenden falladequaten Lösung danach, ob der Folgeschaden unmittelbar und eng mit dem Werkmangel zusammenhängt, was vor allem lokal zu beurteilen ist. Maßgeblich für diesen engen und unmittelbaren Zusammenhang kann dabei auch die Art des eingetretenen Schadens sein, ob er nämlich am Werk des Röhrigs oder an einem anderen Rechtsgut der Jutta entstanden ist. Bei letzterem handelt es sich um einen entfernten, d. h. mittelbaren Mangelfolgeschaden. Diese so vorgenommene Abwicklung ergibt, daß ein unmittelbarer Zusammenhang zwischen dem Mangel und dem Schaden hier nicht besteht. Für mittelbare Folgeschäden gilt die lange Verjährung des §195 BGB. D. h., diese Schäden verjähren erst in 30 Jahren. Somit ist in vorliegendem Fall der Schaden noch nicht verjährt.

Merke:
Beim Werkvertrag verjähren der Mangelschaden sowie der unmittelbare Mangelfolgeschaden in der Frist des §638 Abs. 1 BGB. Mittelbare Mangelfolgeschäden verjähren dagegen erst in 30 Jahren gemäß §195 BGB.

Angesprochene Rechtsquellen:

§ 635 BGB; § 638 BGB; § 276 BGB; § 195 BGB
Stichwort: Positive Vertragsverletzung, Mangelfolgeschaden, Montagefehler
Urteil: OLG Bamberg vom 15.12.1994
Fundstelle: Baurecht 1995, 394

Fall B 112 (+)

Inwieweit sind vorgerichtliche Privatgutachterkosten erstattungsfähig?

Bauherr Fritz Müller hatte sich mit seinem Bauunternehmer Adalbert Schlampig auf einen Prozeß einlassen müssen. Müller hat dabei Teile eines vorgerichtlichen Privatgutachtens in den Prozeß einfließen lassen. Dies war durch das verfolgte Rechtschutzziel unmittelbar veranlaßt. Hätte Müller die Teile des Privatgutachtens nicht in den Prozeß eingeführt, so wäre er nicht in der Lage gewesen, sich sachgerecht mit dem Vorbringen des Schlampig auseinanderzusetzen. Inwieweit sind diese vorgerichtlichen Privatgutachterkosten erstattungsfähig, wenn zugrunde gelegt wird, daß Müller den Prozeß in vollem Umfang gewinnt?

Antwort:
Vorgerichtliche Privatgutachterkosten sind erstattungsfähig, wenn und so weit sie durch das im späteren Prozeß verfolgte Rechtsschutzziel unmittelbar veranlaßt gewesen sind. Werden nur Teile des Gutachtens im späteren Prozeß weiter verfolgt, ist wertmäßig zu quoten. Während des Rechtsstreits eingeholte Privatgutachten sind nur dann erstattungsfähig, wenn die Partei ohne ihre Hilfe nicht in der Lage gewesen wäre,
a) ihrer Darlegungslast zu genügen oder
b) sich sachgerecht mit dem Vorbringen des Gegners oder den Ergebnissen eines vom Gericht eingeholten Gutachtens auseinanderzusetzen oder wenn
c) die Partei annehmen dürfte, sie werde nur mit Hilfe eines Gutachtens das Gericht veranlassen, in eine weitere Beweisaufnahme einzutreten.

Merke:

Vorgerichtliche Privatgutachterkosten sind erstattungsfähig, so weit sie durch das im späteren Prozeß verfolgte Rechtsschutzziel unmittelbar veranlaßt sind. Darüber hinaus müssen sie im Prozeß ihre Rechtfertigung finden.

Angesprochene Rechtsquellen:

---

§ 91 ZPO
Stichwort: Privatgutachten, Kostenerstattungsanspruch, Voraussetzungen
Urteil: OLG Köln Beschluß vom 14.06.1995 (17 B 240/94)
Fundstelle: IBR 1995, 497

Fall B 1 (-)

Kann der Bauherr Schadensersatz und Kündigung verlangen, wenn der Bauunternehmer innerhalb einer gesetzten Frist die Aufgabe nicht erfüllt?

Bauunternehmer Baufix hatte einen Bauvertrag mit Bauherr Eigenheim. Zur Fertigstellung der Obergeschoßdecke setzte Eigenheim über seinen Architekten Baufix eine bestimmte Frist. Dabei hatte er ihm die Entziehung des Auftrages nach §5 Nr. 4 VOB beim Eintritt eines fruchtlosen Fristablaufes nicht angedroht. Als die Frist fruchtlos abgelaufen war, kündigte Eigenheim Baufix. Daraufhin wandte sich dieser an den Bauunternehmer Eilig, der die Obergeschoßdecke binnen kurzer Zeit erstellte. Nun verlangt Eigenheim von Baufix Ersatz für Mehraufwendungen, die ihm durch die Beauftragung des Eilig entstanden sind.

Zu Recht?

Antwort:
Eigenheim hat keinen Anspruch auf Ersatz von Mehraufwendungen gegen Baufix. Dadurch, daß er Baufix lediglich eine bestimmte Frist zur Fertigstellung der Obergeschoßdecke gesetzt hat, ihm jedoch nicht zugleich beim Eintritt eines fruchtlosen Fristablaufes die Entziehung des Auftrages angedroht hat, wurde Baufix bei fruchtlosem Fristablauf lediglich in Verzug gesetzt. Die hier nach Ablauf der Frist vorgenommene Kündigung ist gemäß §8 Nr. 1 VOB/B an keine Voraussetzungen gebundene mit der Wirkung, daß Eigenheim keinen Anspruch auf Ersatz von Mehraufwendungen hat.

Merke:
Will der Bauherr bei Kündigung des Bauunternehmers einen Anspruch auf Ersatz von Mehraufwendungen nicht verlieren, so hat er bei der Fristsetzung zur Erbringung einer bestimmten Leistung dem Bauunternehmer gleichzeitig die Entziehung des Auftrages für den Fall des Eintritts eines fruchtlosen Fristablaufes gem. §5 Nr. 4 VOB/B anzudrohen.

Angesprochene Rechtsquellen:

§§ 5 Nr. 4, 8 Nr. 1 VOB/B
Stichwort: Auftragsentziehung - Fertigstellungsfrist, Kündigungsandrohung
Urteil: BGH vom 29.02.1968 (VII ZR 154/65)

Fall B 2 (-)

Kann der Bieter durch eine AGB-Klausel für 8 Wochen an sein Angebot gebunden werden?

Bauherr Widrig möchte ein Haus bauen. In der Ausschreibung heißt es u. a., daß der Bieter an sein Angebot 8 Wochen gebunden sein soll. Am 01.04. gibt der Bauhandwerker Schräubli ein Angebot ab. Nach Prüfung aller Angebote kommt Widrig zu dem Schluß, daß das Angebot des Schräubli das günstigste ist und so gibt er Schräubli am 28.05. Bescheid, daß er dieses Angebot annehmen werde. Schräubli kann das Angebot infolge drastischer Preiserhöhungen nicht aufrecht erhalten. Er fragt sich nun, ob er an sein Angebot noch immer gebunden ist.

Antwort:
Schräubli ist an sein Angebot nicht mehr gebunden. In der Ausschreibung heißt es zwar, der Bieter ist einer Bindefrist von 8 Wochen unterworfen. Eine derartig lange Bindefrist verstößt jedoch gegen §10 Nr. 1 AGB-Gesetz. Somit ist eine derartige Klausel unwirksam und Schräubli ist nicht mehr an sein Angebot gebunden.

Merke:
Eine AGB-Klausel, durch die die Bieter einer Bindefrist von 8 Wochen unterworfen werden, ist unwirksam, da diese nach §10 Nr. 1 AGB-Gesetz verstößt.

Angesprochene Rechtsquellen:

§ 10 Nr. 1 AGB-Gesetz; § 19 VOB/A
Stichwort: AGB-Klauseln - Bindefrist
Urteil: LG Nürnberg vom 02.05.1979 (3 O 6364/78)

Fall B 3 (-)

Ist eine AGB-Klausel des Bauherrn wirksam, wonach der Unternehmer bei Kündigung nur die Leistungen verlangen kann, die vom Bauherrn verwertet worden sind?

Schreinermeister Eder sollte für Protzig eine Holzkassettendecke fertigen. Die AGB des Protzig werden einbezogen. Darin heißt es u.a., daß der Auftragnehmer im Falle einer Kündigung nur Vergütung der tatsächlich erbrachten Einzelleistungen erhalten soll, soweit diese Einzelleistungen abgeschlossen und nachgewiesen sind und darüber hinaus vom Auftraggeber verwertet werden.
Bei der Ausführung der Arbeiten kommt es immer wieder zu Störungen. Dies hat letztendlich zur Folge, daß Protzig berechtigterweise kündigt. Protzig läßt daraufhin von einem anderen Schreiner das Werk errichten. Trotzdem erhält Protzig von Meister Eder eine Rechnung. Meister Eder verlangt einen Betrag, der nicht weit unter dem vereinbarten Werkpreis liegt. Er hat vom vereinbarten Werkpreis allerdings die Aufwendungen abgezogen, die er infolge der Aufhebung des Vertrages erspart hat. Insbesondere waren die nicht erbrachten Arbeitsleistungen nicht berechnet. Protzig meint, er müsse nicht zahlen. Er verweist auf seine AGB-Klausel. Ausdrücklich weist er darauf hin, daß die Einzelleistung des Meister Eder nicht verwertet worden ist.

Muß Protzig die Rechnung des Meister Eder bezahlen?

Antwort:
Ja. Protzig muß die Rechnung des Meister Eder bezahlen. Die AGB-Klausel, die Protzig verwendet hat, ist gemäß §9 AGB unwirksam. Der Auftragnehmer soll gemäß dieser Klausel, entgegen §649 BGB, lediglich die tatsächlich erbrachten Einzelleistungen vergütet erhalten, wobei diese noch in sich abgeschlossen sein müßten und der Auftragnehmer überdies auch die Beweislast für diese Voraussetzungen aufgebürdet erhält. Damit wird dem Auftragnehmer auch ein Anspruch auf Vergütung des entgangenen Gewinnes nach §649 Satz 2 BGB weitestgehend genommen. Damit verstößt diese Bestimmung gegen den wesentlichen Grundgedanken der gesetzlichen Regelung des §649 Satz 2 BGB und schließt damit die vertraglichen Rechte des Auftragnehmers in unbilliger Weise aus. Dies ist zumindest durch eine AGB-Klausel nicht möglich.

Merke:

Eine AGB-Klausel, die dem Auftragnehmer lediglich eine Vergütung der tatsächlich erbrachten Einzelleistungen bei Kündigung gewähren will und die dem Auftragnehmer darüber hinaus die Beweislast für die Abgeschlossenheit der Einzelleistung aufbürdet, ist unwirksam.
Beachte: **Bei Kündigung aus wichtigem Grund kommt es nicht darauf an, daß die Einzelleistung auch tatsächlich verwertet worden ist. Insoweit ist auch der zweite Teil dieser Klausel unwirksam.**

Angesprochene Rechtsquellen:

§§ 13, 8, 9, 11 Nr. 7 AGB-Gesetz; § 649 BGB
Stichwort: AGB-Klauseln, entgangener Gewinn, Ausschluß
Urteil: OLG Zweibrücken vom 13.06.1988 (4 U 239-87)

Fall B 4 (-)

Ist die AGB-Klausel des Bauherrn wirksam, wonach notwendige Mehrarbeiten, welche in der Baubeschreibung nicht genannt sind, nicht vergütet werden?

Bauherr Geizig ist mit Fleißig über die Errichtung der Elektroinstallation einig geworden. Es wird ein Pauschalvertrag abgeschlossen, wonach Fleißig Arbeiten laut Leistungsbeschreibung auszuführen hat. In den allgemeinen Geschäftsbedingungen, welche von Geizig in den Vertrag eingebracht worden sind, findet sich eine Klausel, wonach der Unternehmer anerkennt, daß in dem Pauschalvertrag alle die Arbeiten enthalten sind, die nicht ausdrücklich in der Leistungsbeschreibung genannt sind, jedoch dem Richtmaß der Baukunst entsprechen und sich während der Bauzeit als notwendig erweisen, damit das Werk des Herstellers vollständig nach den anerkannten Regeln der Baukunst fertiggestellt werden kann. Als Fleißig mit den Arbeiten begonnen hat, muß er feststellen, daß die Leistungsbeschreibung mangelhaft und ungenügend ist. Aus diesem Grunde werden Mehrarbeiten nötig. Geizig weigert sich, diese Mehrarbeiten zu bezahlen. Vielmehr weist er auf seine AGB-Klausel, wonach er nur dazu bereit ist, den Pauschalpreis zu bezahlen. Fleißig möchte nun wissen, ob diese Klausel wirksam ist und ob er seine Mehrarbeit in Rechnung stellen kann.

Antwort:
Eine solche Klausel ist unwirksam. Fleißig kann seine Mehrarbeit in Rechnung stellen. Diese Klausel verstößt gegen die §11 und 9 AGB-Gesetz und ist deshalb unwirksam. Der Auftraggeber verfolgt mit ihr das Ziel, bei Änderungen im Leistungsbereich den Pauschalpreis unverändert zu lassen, ohne Rücksicht darauf, ob sie auf Fehler der Leistungsbeschreibung zurückzuführen sind und von wem diese zu vertreten sind. Dies benachteiligt den Handwerker unangemessen. Somit ist eine solche Klausel in AGB-Bestimmungen unwirksam.

Merke:
Will der Bauherr eine Klausel in seinen AGB-Bestimmungen wirksam einbringen, welche das Ziel verfolgt, daß Änderungen im Leistungsbereich den Pauschalpreis unverändert lassen, so ist in dieser Klausel zu differenzieren, ob die Änderungen im Leistungsbereich auf Fehler der Leistungsbeschreibung zurückzuführen sind und von wem diese zu vertreten sind.

Angesprochene Rechtsquellen:

§ 11 Nr. 7 AGB-Gesetz; § 2 Nr. 7 VOB/B
Stichwort: AGB-Klauseln - Mehrvergütung, Pauschalvertrag
Urteil: OLG München vom 22.05.1990 (9 U 6108/89)

Fall B 5 (-)

Ist eine AGB des Bauherrn wirksam, wonach Mehrarbeiten nicht vergütet werden, wenn diese nicht mehr als 10% des Gesamtumfanges ausmachen?

Cleverle will seine Sanitäreinrichtungen renovieren. Dazu beauftragt er Installateur Röhrich, die nötigen Installationsarbeiten vorzunehmen. Im Vertrag werden die AGBs des Cleverle einbezogen. Diese sehen vor, daß einzelne Teile der ausgeschriebenen Arbeiten geändert oder gänzlich gestrichen werden können. Röhrich soll in diesem Fall nur dann einen Entschädigungsanspruch haben, wenn sich eine Änderung des Gesamtleistungsumfanges von mehr als 10% ergibt. Darüber hinaus erklärt Röhrich durch AGB, daß ihm die örtlichen Verhältnisse bekannt sind. Wie sich jedoch herausstellt, lassen es die örtlichen Verhältnisse zu, daß Cleverle einige Hilfsarbeiten selbständig ausführt. Dies tut er auch. Dadurch verringert sich der Gesamtleistungsumfang um ca. 9%. bzw. um 2 Tage. Röhrich hat keine weiteren Aufträge in Aussicht, deshalb verlangt er von Cleverle Entschädigung. Dieser beruft sich auf seine AGB-Klausel.

Muß Cleverle dem Verlangen des Röhrich nachkommen?

Antwort:
Der Entschädigungsanspruch des Röhrich ist nicht ausgeschlossen. Eine AGB-Klausel, wie sie Cleverle hier verwendet hat, verstößt gegen §9 Abs. 2, Nr. 1 AGB-Gesetz und ist somit unwirksam. Auch die zweite Klausel, wonach der Unternehmer erklärt, daß ihm die örtlichen Verhältnisse bekannt seien, verstößt gegen §11 Nr. 15 B und gegen §9 AGB-Gesetz. Ein Entschädigungsanspruch des Röhrich ist also nicht schon wegen dieser AGB-Klauseln ausgeschlossen.

Merke:
Den Entschädigungsanspruch des Unternehmers bei Teilkündigung durch den Bauherrn für den Fall auszuschließen, daß sich die Gesamtleistung um nicht mehr als 10% verringert, verstößt gegen das Gebot von Treu und Glauben und ist in hohem Maße unangemessen. Auch eine Erklärung im AGB, wonach der Unternehmer versichert, daß ihm die örtlichen Verhältnisse bekannt sind, stellt einen Verstoß in Treu und Glauben dar und ist somit auch unwirksam.

Angesprochene Rechtsquellen:

§ 2 Nr. 4 VOB/B; §§ 9 und 11 Nr. 15 AGB-Gesetz
Stichwort AGB-Klauseln - Teilkündigung, Vergütung
Urteil: OLG Frankfurt vom 07.06.1985 (6 U 148/84)

Fall B 6 (-)

Kann der Bauherr die Zuschlagsfrist aus §19 Nr. 2 VOB/A auf 36 Werktage ausdehnen?

Bäuerle möchte sich ein Haus bauen. Im Zuge seiner Vorbereitungen kommt es auch zur Ausschreibung der Elektroarbeiten. In dieser Ausschreibung heißt es in den allgemeinen Geschäftsbedingungen, daß die Zuschlagsfrist 36 Werktage bemißt. Unter mehreren Anbietern gibt auch Stromer sein Angebot ab. Nach 34 Werktagen meldet sich Bäuerle bei Stromer und gibt diesem den Zuschlag. Stromer fühlt sich jedoch nicht mehr an sein Angebot gebunden, da entsprechend §19 Nr. 2 VOB/A er lediglich 24 Werktage an sein Angebot gebunden sein kann. Er meint weiter, daß eine Ausdehnung dieser Zuschlagsfrist auf 36 Werktage unwirksam ist.

Zu Recht?

Antwort:
Tatsächlich ist Stromer an sein Angebot nicht mehr gebunden. Die Ausdehnung der Zuschlagsfrist auf 36 Werktage in besonderen Vertragsbedingungen ist mit §10 Nr. 1 AGB-Gesetz unvereinbar. Eine solche Frist ist in hohem Maße unangemessen, da sie den Bieter entgegen dem Gebot aus Treu und Glauben im besonders hohem Maße benachteiligt. (Vergl. Fall B 4 (-).)

Merke:
Die Zuschlagsfrist von 24 Werktagen gem. §19 Nr. 2 VOB/A kann grundsätzlich nicht auf 36 Werktage durch besondere Vertragsbedingungen ausgedehnt werden. Eine Ausdehnung der Zuschlagsfrist ist als Ausnahme nur in begründeten Einzelfällen möglich.

Angesprochene Rechtsquellen:

§ 19 Nr. 2 VOB/A; § 10 Nr. 1 AGB-Gesetz
Stichwort: AGB-Klauseln - Zuschlagsfrist, Bindungsfrist
Urteil: OLG Köln vom 21.04.1982 (13 U 172/81)

Fall B 7 (-)

Kann eine bauliche Maßnahme Vertragsbestandteil werden, die aufgrund einer behördlichen Auflage notwendig wird?

Erich Blümel möchte seinen Blumenladen vergrößern. Zu diesem Zweck plant er den Neubau einer Verkaufsstelle. Dazu wendet er sich an die Firma Bauplan, mit der er einen Generalunternehmervertrag für die Errichtung dieser Verkaufsstelle schließt. Die Firma Bauplan verpflichtet sich zur schlüsselfertigen Erstellung. Darüber hinaus wird vereinbart, daß die Baugenehmigung mit den genehmigten Plänen und geprüften statischen Unterlagen Vertragsbestandteil wird. In der Folge wird die Baugenehmigung unter der Auflage erteilt, daß eine bestimmte Belüftungsanlage eingebaut werden muß. Für diese Abzugsanlage wurden keine Pläne aufgestellt. Nach Abschluß der Arbeiten muß Blümel feststellen, daß er die Abzugsanlage extra bezahlen soll. Er verweigert die Bezahlung und meint, die Firma Bauplan hätte diese Leistung zu übernehmen, da sich diese verpflichtet hatte, die Verkaufsstätte schlüsselfertig zu erstellen. Ergänzend wies er auf die o.g. Vereinbarungen im Generalunternehmervertrag hin.

Muß Blümel die Abzugsanlage extra bezahlen?

Antwort:
Blümel muß diese Zusatzanlage extra bezahlen. Sie gehört nicht zu dem von der Firma Bauplan zu erbringenden Leistungsumfang. Wird die Baugenehmigung unter einer Auflage erteilt, so ergibt sich nicht allein daraus, daß die Baugenehmigung Vertragsbestandteil geworden ist, eine Verpflichtung des Unternehmers zur Erfüllung der Auflage.

Merke:
Ist in einem Generalunternehmervertrag vereinbart, daß die Baugenehmigung mit den genehmigten Plänen und geprüften statischen Unterlagen Vertragsbestandteil wird, so gehört ein Zusatzbau, welcher aufgrund einer Auflage nötig wird, für die aber keine Pläne aufgestellt worden waren, nicht zum Vertragsumfang. Dies gilt auch dann, wenn sich der Bauunternehmer zur schlüsselfertigen Erstellung verpflichtet hat.

Angesprochene Rechtsquellen:

§ 631 BGB
Stichwort: Auftragsumfang - Auflage im Bauschein
Urteil: OLG Hamburg vom 21.09.1988 (4 U 261/87)

Fall B 8 (-)

Kann der Bauherr die Herausgabe aller Genehmigungs- und Planungsunterlagen verlangen?

Bauherr Emsig hat sich von Bauunternehmer Karl Clever ein Bauwerk errichten lassen. Nach Abschluß der Arbeiten verlangt er von Clever die Herausgabe aller Genehmigungs- und Planungsunterlagen einschließlich der Statik, der Werk- und Bestandspläne, der Positions- und Bewehrungspläne sowie der Wärme- und Schallschutznachweise. Clever verweigert jedoch die Herausgabe.

Zu Recht?

Antwort:
Clever braucht dem Verlangen nach Herausgabe der Pläne nicht nachkommen. Auch aus §444 BGB kann Emsig keinen allgemeinen Anspruch auf Herausgabe dieser Unterlagen ableiten. Eine Herausgabepflicht könnte sich somit nur unter den engen Voraussetzungen des §444 BGB ergeben. Also nur dann, wenn diese Unterlagen zum Beweis eines dem Bauherrn zustehenden Rechts, z. B. Eigentümer etc., dienen.

Merke:
Aus §444 BGB kann kein allgemeiner Herausgabeanspruch für alle Genehmigungs- und Planungsunterlagen abgeleitet werden.

Angesprochene Rechtsquellen:

§ 444 BGB
Stichwort: Auskunftspflicht - Herausgabe von Unterlagen, Bauträger/Erwerbervertrag
Urteil: OLG München vom 15.10.1991 (9 U 2958/91)

Fall B 9 (-)

Ist ein Baubetreuungsvertrag nichtig, wenn der Baubetreuer zwar Vorleistungen erbringen muß, diese jedoch dann vom Besteller nicht in Anspruch genommen werden?

Eigenheim möchte sich ein Haus bauen. Dazu möchte er sich einige Angebote von Architekten einholen. In seinen Bemühungen stößt er auch auf Architekt Clever. Dieser erweckt sein besonderes Interesse, da er bereits ein zu bebauendes Grundstück an der Hand hat. Sie schließen einen Baubetreuungsvertrag, wonach Clever zunächst die Leistungen nach Phase 1 und 2 des §15, Abs. 1 HOAI zu erbringen hat. In dem Baubetreuungsvertrag verpflichtet sich Eigenheim, die Leistungen des Clever auch dann zu vergüten, wenn er die vorgesehenen Bauleistungen nicht in Anspruch nimmt. Im Ergebnis kommt es nicht zu einer Einigung zwischen Eigenheim und Clever, so daß Eigenheim die Leistungen des Clever nicht in Anspruch nimmt. Eigenheim überlegt nun, wie er wieder aus diesem Vertrag heraus kommt, möglichst ohne Honorar zu bezahlen. So verweigert er dann die Bezahlung mit der Begründung, daß der Vertrag wegen eines Verstoßes gegen das Kopplungsverbot des Artikel 10, §3 MRVG unwirksam sei.

Zu Recht?

Antwort:
Der Vertrag zwischen Clever und Eigenheim ist wirksam. Eigenheim wird das Honorar bezahlen müssen. Etwas anderes kann sich auch nicht daraus ergeben, daß Clever das zu bebauende Grundstück an der Hand hat. Eigenheim hat hier also die Leistungen des Clever nach der vertraglichen Vereinbarung zu bezahlen.

Merke:
Vereinbaren die Parteien eines angestrebten Baubetreuungsvertrages, daß der Baubetreuer zunächst bestimmte Leistungen zu erbringen hat und sieht der Planungsvertrag für den Fall, daß der Bauinteressent die vorgesehenen Bauleistungen nicht in Anspruch nimmt, eine Honorierung der Planungsleistung vor, verstößt der Planungsvertrag in der Regel nicht gegen das Kopplungsverbot des Artikel 10, §3 MRVG, auch wenn der Baubetreuer das zu bebauende Grundstück an der Hand hat.

Angesprochene Rechtsquellen:

§ 15 HOAI; § 3 Art. 10 MRVG
Stichwort: Baubetreuungsvertrag - Planungsleistungen, Kopplungsverbot
Urteil: BGH vom 18.03.1993 (VII ZR 176/92)

Fall B 10 (-)

Die Baugenehmigung für einen Neubau wird nicht erteilt. Wer hat den folgenden Abbruch zu verantworten?

Die Baugesellschaft Schneider & Co. möchte ein 6-Familien-Haus errichten. Dazu hat sie sich von Architekt Schlampig den Plan erstellen lassen. Ohne die Erteilung der Baugenehmigung abzuwarten, wird mit den Bauarbeiten u.a. in Absprache mit dem Architekten begonnen. Einige Zeit später wird jedoch die Baugenehmigung endgültig verweigert. Die Arbeiten sind jedoch schon weit fortgeschritten. Deshalb verfügt das Landratsamt eine Abbruchverfügung. Die Baugesellschaft Schneider & Co. möchte nun wissen, ob sie vom Architekten Schadenersatz verlangen kann, da dieser bei der Entscheidung über den Baubeginn teilgehabt hat.

Antwort:
Die Baugesellschaft Schneider & Co. kann vom Architekten Schlampig keinen Schadenersatz verlangen. Das Abbruchrisiko liegt grundsätzlich beim Bauträger und nicht beim Architekten. Die Baugesellschaft Schneider & Co. hat somit die Kosten für den Abbruch selbst zu bezahlen. Etwas anderes könnte sich nur dann ergeben, wenn der Architekt versichert und damit eine Garantie abgibt, daß die Planung genehmigungsfähig ist.

Merke:

Wenn eine Baugesellschaft und ihr Architekt mit den Bauarbeiten für einen Neubau begonnen haben, ohne die Baugenehmigung abzuwarten, liegen Erteilung und Risiko für den Baubeginn (Abbruchsrisiko) grundsätzlich beim Bauträger und nicht beim Architekten.

Angesprochene Rechtsquellen:

§§ 276, 242 BGB
Stichwort: Bauen ohne Baugenehmigung - Abbruchrisiko
Urteil: OLG Karlsruhe vom 09.10.1973 (8 U 219/71)

Fall B 11 (-)

Kann sich der Maler für die Erneuerung des äußeren und inneren Farbanstriches eines Hauses eine Bauwerksicherungshypothek eintragen lassen?

Willi Eigenheim möchte sein Eigenheim renovieren. Dazu beauftragt er Malermeister Farbig, die äußeren und inneren Farbanstriche seines Hauses völlig zu erneuern. Dieser willigt ein, es kommt zum Vertragsschluß. Vor Beginn der Arbeiten verlangt Farbig die Eintragung der Bauwerksicherungshypothek am Grundstück des Eigenheim gem. §648 Abs. 1 BGB. Eigenheim ist empört und meint, dies verstoße gegen Treu und Glauben. Darüber hinaus würde es sich bei einem Anstrich nicht um einen Teil eines Bauwerkes im Sinne des §648 Abs. 1 BGB handeln.

Ist Eigenheim dennoch zur Abgabe der Eintragungsbewilligung verpflichtet?

Antwort:
Farbig hat einen Anspruch auf Eintragung der Bauwerksicherungshypothek am Grundstück des Eigenheim. Zum ersten ist die völlige Erneuerung der äußeren und inneren Farbanstriche eines Hauses als Teil eines Bauwerkes im Sinne des §648 Abs. 1 BGB anzusehen. Darüber hinaus verstößt ein solcher Anspruch weder gegen Treu und Glauben gem. §242 BGB, noch kann er als Rechtsmißbrauch oder Schikanehandlung nach §226 BGB bezeichnet werden. Farbig kann somit die Eintragung der Bauwerksicherungshypothek verlangen.

Merke:
Die völlige Erneuerung der äußeren und inneren Farbanstriche eines Hauses ist als Teil eines Bauwerkes im Sinne des §648 Abs. 1 BGB anzusehen. Somit kann der Unternehmer wegen dieser Tätigkeit die Eintragung einer Bauwerksicherungshypothek am Grundstück des Bauherrn verlangen.

Angesprochene Rechtsquellen:

§§ 648, 242, 226 BGB
Stichwort: Bauhandwerkersicherungshypothek - Anstricharbeiten
Urteil: OLG Stuttgart vom 27.08.1957 (5 U 69/57)

Fall B 12 (-)

Wann ist im einstweiligen Verfügungsverfahren auf Bewilligung einer Vormerkung zur Eintragung einer Bauwerksicherungshypothek diese glaubhaft gemacht?

Handwerker Röhrich sollte die Installationsarbeiten im Mehrfamilienhaus der IWO Wohnheim durchführen. Zur Sicherung seiner Forderungen möchte sich Röhrich eine Bauhandwerkersicherungshypothek eintragen lassen. IWO Wohnheim verweigert die Einwilligung. Röhrich wendet sich deshalb an das Gericht mit einem einstweiligen Rechtsschutzantrag mit dem Ziel, eine einstweilige Verfügung auf Bewilligung einer Vormerkung zur Eintragung einer Bauwerksicherungshypothek zu erwirken. Zur Glaubhaftmachung seines Anspruches legt er eine eidesstattliche Versicherung vor. IWO Wohnheim widerspricht diesem Antrag ebenfalls durch eine eidesstattliche Versicherung.

Wird der Richter dem Antrag des Röhrich auf einstweilige Verfügung zur Bewilligung einer Vormerkung zur Eintragung einer Bauwerksicherungshypothek folgen?

Antwort:
Der Richter wird dem Antrag des Röhrich folgen. Stehen sich widersprechende, eidesstattliche Versicherungen des Auftragnehmers (Röhrich) und des Auftraggebers (IWO-Wohnheim) gegenüber, so ist die Forderung des Auftragnehmers gleichwohl als glaubhaft gemacht anzusehen, weil der Auftragnehmer sonst gezwungen wäre, statt der Glaubhaftmachung seiner Forderung, deren vollen Beweis zu erbringen und das Verfahren zur Hauptsache vorwegzunehmen. Genau dies soll durch das einstweilige Rechtsschutzverfahren vermieden werden. Deshalb wird hier der Richter dem Antrag des Röhrich Folge leisten. Somit kann Röhrich die Eintragung einer Vormerkung verlangen.

Merke:
Das einstweilige Rechtsschutzverfahren dient lediglich zur Sicherung der einzelnen Ansprüche. Dadurch wird dem Antraggegner nicht der Weg zum Hauptverfahren abgeschnitten. Regelmäßig wird sich am einstweiligen Rechtsschutzverfahren auch ein Verfahren zur Hauptsache anfügen. Gegenstand dieses Verfahrens wird dann sein, den Streit um den Bestand der Forderung auszutragen und die Ansprüche zu beweisen.

Angesprochene Rechtsquellen:

§§ 935 ff ZPO; §§ 648, 885 BGB
Stichwort: Bauhandwerkersicherungshypothek - Glaubhaftmachung
Urteil: OLG Köln vom 23.06.1975 (15 U 29/75)

Fall B 13 (-)

Müssen Verträge über die Grundstücksveräußerung und Bauwerkserrichtung, die mit einem Bauträger geschlossen werden, beurkundet werden?

Eigenheim wird mit dem Bauträger Wertvoll über die Errichtung eines Wohnhauses einig. Um Kosten zu sparen, sollen zwei Verträge abgeschlossen werden, nämlich einer über die Grundstücksveräußerung und einer über die Bauwerkserrichtung. Dadurch, daß nur die Grundstücksveräußerung beurkundet wird, werden erhebliche Kosten gespart. Wertvoll meint, eine Beurkundung des Vertrages über die Bauwerkserrichtung sei nicht notwendig.

Ist diese Auffassung richtig?

Antwort:
Nein, auch der Vertrag über die Bauwerkserrichtung hätte beurkundet werden müssen. In einem Bauträgervertrag verpflichtet sich der Bauträger zu einer Gesamtleistung, die zu erbringen er grundsätzlich berechtigt ist. Grundstücksveräußerung und Bauwerkserrichtung sind für den Bauträger regelmäßig schon aus kalkulatorischen und bautechnischen Gründen untrennbar. Beide Teile des Vertrages, also Grundstücksbeschaffung und Bauleistung sollen ebenso wie in den Fällen miteinander stehen und fallen, in denen diese Teile in äußerlich getrennten Verträgen vereinbart werden. Deshalb sind beide Verträge zu beurkunden!

Merke:
Grundstücksveräußerung und Bauwerkserrichtung sind auch dann beide beurkundungsbedürftig, wenn diese nicht in einem Vertrag verbunden sind.

Angesprochene Rechtsquellen:

§§ 313, 631 BGB
Stichwort: Bauträgervertrag - Grundstücksveräußerung und Bauwerkserrichtung
Urteil: BGH vom 24.09.1987 (VII ZR 306//86)

Fall B 14 (-)

Haftet der Bauherr (bzw. Hauptunternehmer) gegenüber seinem Subunternehmer für das Planungsverschulden des Architekten?

Eigenheim läßt sich von Bauunternehmer Clever ein Einfamilienhaus errichten. Meister Röhrich hat die nötigen Installationsarbeiten übernommen. Dadurch, daß einige Schächte falsch gemauert sind, was auf einen Planungsfehler des Architekten Schlampig zurückzuführen ist, erleidet Röhrich, wegen vergeblicher Anreise, Arbeitsausfall etc., einen beträchtlichen Schaden. Röhrich möchte nun wissen, welche Ansprüche er gegen wen geltend machen kann.

Antwort:
Dieser Fall ist sehr verzwickt. Ansprüche gegen den Bauunternehmer scheiden aus, da dieser weder den Mangel zu vertreten hat noch Vertragspartner des Röhrich ist. Jedenfalls stehen dem Röhrich Ansprüche gegen den Bauherrn Eigenheim zu. Dieser ist Vertragspartner des Röhrich und hat gegenüber diesem für das Planungsverschulden des Architekten einzustehen. Ist ein Fehler des Vorgewerkes auf falsche oder unterbliebene Planung zurückzuführen, dann haftet regelmäßig der Bauherr, der sich das Planungsverschulden seines Architekten anrechnen lassen muß.
Ist zwischen Bauherr und Röhrich noch ein Hauptunternehmer eingeschaltet (Bauträger), so kann nichts anderes gelten. Dieser hätte für das Planungsverschulden des Architekten einzustehen.

Merke:
Ist ein Baumangel u.a. auf fehlerhafte Planung zurückzuführen, so muß regelmäßig der Hauptunternehmer gegenüber seinem Subunternehmer für das Planungsverschulden des Architekten seines Auftraggebers einstehen.

Angesprochene Rechtsquellen:

§§ 635, 254, 278 BGB
Stichwort: Bauunternehmer-Haftung, Planungsfehler, Mitverschulden Hauptunternehmer
Urteil: BGH vom 23.10.1986 (VII ZR 267/85)

Fall B 15 (-)

Kann in der Bauwesenversicherung durch allgemeine Geschäftsbedingungen der Ersatz vorhersehbarer Schäden ausgeschlossen sein?

Bauunternehmer Baufix errichtete für Eigenheim ein Haus. Eines morgens, als die Arbeiter auf die Baustelle kamen, mußten sie feststellen, daß Unbekannte einen Bauwasseranschluß geöffnet hatten, so daß die gesamte Baustelle unter Wasser stand. Den dadurch entstandenen Schaden meldete Baufix sofort seiner Versicherung. Diese verweigerte den Ersatz des Schadens. Ihrer Meinung nach handelt es sich um vorhersehbare Schäden, da die Baustelle nicht durch einen Bauzaun gesichert war und der Ersatz solcher Schäden in ihren allgemeinen Geschäftsbedingungen ausgeschlossen wurde. Baufix meint, eine solche Klausel müsse unwirksam sein

Zu Recht?

Antwort
Eine solche Klausel ist voll wirksam. Sie verstößt weder gegen §3 noch gegen §9 des AGB-Gesetzes. D. h., die Klausel verstößt weder gegen Treu und Glauben noch stellt sie eine überraschende Klausel dar. Somit ist sie voll wirksam.

Merke:
In allgemeinen Geschäftsbedingungen für die Bauwesenversicherung kann der Ersatz vorhersehbarer Schäden ausgeschlossen werden.

Angesprochene Rechtsquellen:

§§ 3, 9 AGB-Gesetz
Stichwort: Bauwesenversicherung - Ausschußklausel und AGB
Urteil: BGH vom 01.0.61983 (FVaZR 152/81)

Fall B 16 (-)

Begeht der Bauunternehmer, der eine Bauwesenversicherung abschließt, eine positive Vertragsverletzung, wenn er diese ohne Feuerversicherung abschließt?

Bauunternehmer Clever errichtet für Eigenheim ein Einfamilienhaus. Vertraglich hat er sich verpflichtet, eine Bauwesenversicherung abzuschließen. Durch einen Brand während der Bauarbeiten wird das Haus zerstört. Dadurch entsteht Eigenheim ein Schaden, der von der Bauwesenversicherung nicht übernommen wird. Als Begründung gibt die Versicherungsgesellschaft an, derartige Schäden würden nur von einer Feuerversicherung übernommen. Eine Feuerversicherung wurde jedoch nicht abgeschlossen. Daraufhin verlangt Eigenheim von Clever Schadensersatz aus positiver Vertragsverletzung, da es dieser versäumt hat, eine Feuerversicherung abzuschließen. Seiner Meinung nach war Clever dazu verpflichtet, eine Feuerversicherung abzuschließen, da dieser gewisse Sorgfaltspflichten gegenüber seinem Vertragspartner hat.

Zu Recht?

Antwort:
Die Schadensersatzforderung des Eigenheim gegen Clever wird ohne Erfolg bleiben. Es gehört nicht zu den Pflichten des Bauunternehmers, eine Feuerversicherung abzuschließen, nur weil er verpflichtet ist, eine Bauwesenversicherung abzuschließen. Auch aus allgemeinen vertraglichen Sorgfaltspflichten gegenüber dem Vertragspartner kann sich eine Pflicht zum Abschluß einer Feuerversicherung nicht ergeben. Somit liegt keine positive Vertragsverletzung vor. Ein Schadensersatzanspruch des Eigenheim besteht nicht.

Merke:
Es bedeutet keine positive Vertragsverletzung, wenn die Bauwesenversicherung, sofern nichts anderes besonderes vereinbart wird, ohne Feuerversicherung abgeschlossen wird.

Angesprochene Rechtsquellen:

§ 635 BGB
Stichwort: Bauwesenversicherung - Feuerversicherung, positive Vertragsverletzung
Urteil: OLG Hamm vom 22.03.1979 (21 U 150/78)

Fall B 17 (-)

Unter welchen Voraussetzungen hat der Bauherr einen Schadenersatzanspruch wegen Amtspflichtverletzung gegen die Baugenehmigungsbehörde?

Gierig soll für Eigenheim ein Bauwerk errichten. Vertraglich hat sich Eigenheim verpflichtet, die Baugenehmigung rechtzeitig beizubringen. Da bei der Bauaufsichtsbehörde die Baugenehmigung erst verspätet erteilt wurde, verzögern sich die Bauarbeiten. Daraus entsteht dem Bauunternehmer ein Verzögerungsschaden. Ein Schadenersatzverlangen gegenüber Eigenheim blieb jedoch erfolglos, da Eigenheim an der Bauverzögerung kein Verschulden traf.

Kann nun Eigenheim Schadenersatz von der Bauaufsichtsbehörde verlangen, da diese die Baugenehmigung aufgrund einer Amtspflichtverletzung zu spät erteilte?

Antwort:
Ein Schadenersatzanspruch aus Amtspflichtverletzung ist nicht gegeben. Ein solcher wäre nur dann gegeben, wenn der Bauherr Eigenheim seinerseits dem Bauunternehmer zum Ersatz des Schadens infolge der Bauverzögerung verpflichtet gewesen wäre. Insoweit hat Eigenheim schließlich auch keinen Schaden erlitten.

Merke:
Ein Schadenersatzanspruch aus Amtspflichtverletzung steht dem Bauherrn regelmäßig nur dann zu, wenn er seinerseits dem Bauunternehmer zum Ersatz des Schadens infolge der Bauverzögerung verpflichtet ist. Zu beachten ist, daß der Bauherr sich gegenüber dem Bauunternehmer nicht schon deshalb schadenersatzpflichtig macht, daß er trotz vertraglicher Verpflichtung die Baugenehmigung nicht rechtzeitig beibringt. Ein Schadenersatzanspruch aus diesen Gründen kann nur dann gegeben sein, wenn weitere selbständige Gründe, die für ein Verschulden des Bauherrn sprechen würden, hinzutreten.

Angesprochene Rechtsquellen:

§ 6 Nr. 6 VOB/B; § 839 BGB
Stichwort: Behinderung Baugenehmigung verspätet, Schadenersatzanspruch, Amtspflichtverletzung
Urteil: OLG Frankfurt vom 24.01.1985 (1 U 291/83)

Fall B 18 (-)

Hat der Unternehmer einen Schadenersatz nach der VOB/B, wenn auf Bitten der Baubehörde der Bauherr einen Baustop anordnet?

Eigenheim läßt sich von Baufix ein Eigenheim errichten. Eine Woche nach Beginn der Arbeiten wendet sich die Baubehörde an Eigenheim, mit der Bitte, bis zur Klärung eines Nachbareinspruches die Bauarbeiten ruhen zu lassen. Eigenheim kommt dieser Bitte der Baubehörde nach. Baufix entstehen dadurch sog. Stillstandskosten, da seine Geräte nutzlos herumstehen.

Kann Baufix diese Stillstandskosten ersetzt bekommen?

Antwort:
Baufix kann von Eigenheim den Ersatz dieser Stillstandskosten verlangen. Diese Stillstandskosten werden gem. §287 ZPO geschätzt. Grundlage für die Schätzung ist die sog. Baugeräteliste. Im Rahmen dieser Schadensschätzung sind auch die allgemeinen Geschäftskosten zu berücksichtigen. Obergrenze des Schadens sind die übrigen Mietkosten für Fremdgeräte. Darüber hinaus darf die so ermittelte Schadenssumme nicht um die Mehrwertsteuer erhöht werden.

Merke:
Ordnet der Bauherr zur Klärung eines Nachbareinspruches auf Bitten der Baubehörde einen Baustop an, so kann der Unternehmer die Stillstandskosten (Gerätevorhaltung) als Schaden gem. §6 Nr. 6 VOB/B vom Bauherrn ersetzt verlangen.

Angesprochene Rechtsquellen:

§ 6 Nr. 6 VOB/B; § 287 ZPO
Stichwort: Behinderung Schadenersatz - Baustop durch Nachbarn, Stillstandskosten
Urteil: OLG Düsseldorf vom 28.04.1987 (23 U 151/86)

Fall B 19 (-)

Sind im Rahmen eines VOB-Vertrages in Auftrag gegebene Nachtragsleistungen Behinderungen, die einen Schadenersatzsanspruch begründen?

Eigenheim läßt sich von Baufix ein Eigenheim errichten. Dem Bauvertrag liegt die VOB zugrunde. Nach Beginn der Arbeiten gibt Eigenheim noch einige Nachtragsleistungen in Auftrag. Baufix weist alsbald Eigenheim darauf hin, daß dies zu Mehraufwendungen führen wird und daß dadurch ein Schadenersatzanspruch gem. §6 Nr. 6 VOB/B gegeben sein wird. Eigenheim meint dagegen, ein Schadenersatzanspruch nach §6 Nr. 6 VOB/B kann hier nicht vorliegen, da solche Nachtragsleistungen nicht als Behinderung im Sinne von §6 Nr. 6 VOB/B eingestuft werden könnten.

Zu Recht?

Antwort:
Ein Schadenersatzanspruch kann hier durchaus vorliegen. In jedem Fall sind derartige Nachtragsleistungen Behinderungen im Sinne von §6 Nr. 6 VOB/B. Diese Nachtragsleistungen hat Eigenheim auch zu vertreten. Somit könnte ein Schadenersatzanspruch begründet sein. Für einen Schadenersatzanspruch nach §6 Nr. 6 VOB/B bedarf es einer entsprechenden Anzeige gem. §6 Nr. 1 VOB/B. Eine derartige Anzeige liegt hier auch vor. Somit ist ein Schadenersatzanspruch des Baufix gegenüber Eigenheim begründet.

Merke:

Im Laufe der Ausführung eines der VOB unterliegenden Vertrages in Auftrag gegebene Auftragsleistungen stellen Behinderungen im Sinne des §6 Nr. 6 VOB/B dar. Für darauf gestützten Schadenersatzanspruch bedarf es jedoch stets einer entsprechenden Anzeige gem. §6 Nr. 1 VOB/B.

Angesprochene Rechtsquellen:

§ 6 Nr. 6 VOB/B
Stichwort: Behinderung - Schadenersatzanspruch, Zusatzleistungen, Behinderungsanzeige
Urteil: OLG Koblenz vom 18.03.1988 (8 U 345/87)

Fall B 20 (-)

Wann hat der Bauherr Anspruch auf Ersatz der Mängelbeseitigungskosten?

Eigenheim hat sich von Baufix ein Einfamilienhaus errichten lassen. Im Bauvertrag war die Geltung der VOB vereinbart. Nach Fertigstellung mußte Eigenheim von Baufix zu vertretende Mängel an den Stufen seiner Betontreppe feststellen. Daraufhin beauftragt er den Bauunternehmer Clever mit der Beseitigung dieser Mängel. Die dadurch entstandenen Kosten möchte er von Baufix über §633 Abs. 3 BGB ersetzt haben. Baufix verweigert die Bezahlung mit der Begründung, ihm hätte eine angemessene Frist zur Beseitigung der Mängel gesetzt werden müssen.

Zu Recht?

Antwort:
Eigenheim kann hier keinerlei Ansprüche gegen Baufix durchsetzen. Zunächst ist festzustellen, daß §13 Nr. 5 VOB/B eine abschließende Regelung des Anspruches des Bauherrn auf Ersatz der Mängelbeseitigungskosten darstellt. Daneben besteht regelmäßig ein Bereicherungsanspruch nicht. Da Eigenheim eine über §633 Abs. 3 BGB hinausgehende Fristellung gem. §13 Nr. 5 VOB/B unterlassen hat, ist ein Schadenersatzanspruch des Eigenheim nicht begründet, da §13 Nr. 5 VOB/B eine abschließende Regelung der Ansprüche des Bauherrn enthält.

Merke:
Der Bauherr kann Schadenersatzansprüche auf Mängelbeseitigungskosten nur dann geltend machen, wenn er dem Bauunternehmer eine angemessene Frist zur Mängelbeseitigung gesetzt hat. §13 Nr. 5 VOB/B ist insoweit abschließend. Zu beachten ist jedoch, daß die VOB/B für ihre Geltung vereinbart sein muß.

Angesprochene Rechtsquellen:

§ 812 BGB; § 13 Nr. 5 VOB/B
Stichwort: Bereicherungsanspruch - Mängelbeseitigungskosten
Urteil: BGH vom 11.10.1965 (VII ZR 124/63)

Fall B 21 (-)

Wer hat zu beweisen, daß die Gründe für einen Bereicherungsanspruch wegen Überzahlung des Werklohnes vorliegen?

Röhrich soll die Sanitäranlage des Eigenheim renovieren. Nach Abschluß der Arbeiten stellt Röhrich seine Schlußrechnung, in der er die geleisteten Arbeiten in Rechnung stellt. Darauf hin bezahlt Eigenheim. Kurz darauf muß er feststellen, daß eine bestimmte Leistung, die Röhrich in seiner Rechnung aufgeführt hatte, gar nicht erbracht wurde. Eigenheim möchte nun das zuviel bezahlte Geld zurück. Daraufhin erklärt Röhrich, daß zwar diese eine Leistung nicht erbracht wurde, dafür wurde jedoch eine andere Leistung erbracht, die in der Rechnung nicht auftaucht. Eigenheim meint nun, daß sein Anspruch solange besteht, bis Röhrich beweist, daß diese Leistungen tatsächlich erbracht wurden.

Zu Recht?

Antwort:
Eigenheim hat hier nicht recht. Nicht den Handwerker trifft die Beweislast dafür, daß die Leistung mit Rechtsgrund erfolgt ist. Dies gilt auch dann, wenn er bei Rechtfertigung der empfangenen Leistung (Bezahlung) einen anderen als den ursprünglich angegebenen Rechtsgrund vorträgt. Die Beweislast dafür, daß die Leistung ohne Rechtsgrund erfolgt ist, liegt beim Bauherr.

Merke:
Wer wegen der Bezahlung des Werklohnes einen Bereicherungsanspruch geltend macht, trägt die Beweislast dafür, daß die Leistung ohne Rechtsgrund erfolgt ist auch dann, wenn der Bereicherungsschuldner zur Rechtfertigung der empfangenen Leistung einen anderen als den ursprünglich angegebenen Rechtsgrund vorträgt.

Angesprochene Rechtsquellen:

§ 286 ZPO
Stichwort: Beweislast - Überzahlung des Werklohnes, Bereicherungsanspruch
Urteil: BGH vom 06.12.1990 (VII ZR 98/89)

Fall B 22 (-)

Unterbricht das Beweissicherungsverfahren des Unternehmers die Verjährungsfrist etwaiger Schadenersatzansprüche des Auftraggebers?

Spenglermeister Röhrich hat die Sanitäranlagen des Egon Eigenheim erneuert. Schon kurz nach Abschluß der Arbeiten macht Eigenheim einige Gewährleistungsansprüche außergerichtlich geltend. Auf Antrag des Röhrich wird daraufhin ein Beweissicherungsverfahren mit dem Ziel eingeleitet, zu beweisen, daß die Leistung des Röhrich mangelfrei erbracht wurde. Eigenheim verweigert die aktive Mitarbeit an diesem Verfahren. Acht Monate nach Fertigstellung der Arbeiten will Eigenheim seine Gewährleistungsansprüche gerichtlich durchsetzen. Röhrich macht die Einrede der Verjährung geltend. Dem hält Eigenheim entgegen, die Verjährung sei wegen des Beweissicherungsverfahrens unterbrochen gewesen.

Zu Recht?

Antwort:
Das Beweissicherungsverfahren konnte die Verjährung nicht hemmen oder unterbrechen. Leitet der Auftragnehmer ein Beweissicherungsverfahren gegen den Auftraggeber ein, der außergerichtlich Gewährleistungsansprüche geltend macht, unterbricht dies den Lauf der Verjährungsfrist von Gewährleistungsansprüchen des Auftraggebers nicht, wenn der Auftragnehmer das Verfahren mit dem Ziel verfolgt, sich den mangelfreien Zustand seiner Leistung bestätigen zu lassen. Dadurch, daß Röhrich hier dieses Ziel verfolgt und Eigenheim am Verfahren selbst nicht aktiv mitarbeitete, konnte die Verjährungsfrist nicht unterbrochen werden. Somit sind die Gewährleistungsansprüche, soweit sie überhaupt bestanden haben, verjährt.

Merke:

Ein Beweissicherungsverfahren, daß der Auftragnehmer mit dem Ziel betreibt, sich den mangelfreien Zustand seiner Leistung bestätigen zu lassen, führt nicht zur Unterbrechung oder Hemmung von Verjährungsfristen für Gewährleistungsansprüche des Auftraggebers.

Angesprochene Rechtsquellen:

§ 485 ff ZPO
Stichwort: Beweissicherungsverfahren Verjährungsunterbrechung bei Antragstellung durch Auftragnehmer
Urteil: OLG Düsseldorf vom 09.06.1992 (23 U 192/91)

Fall B 23 (-)

Auszahlungsbürgschaft oder Vorauszahlungsbürgschaft?`

Bauherr Eigenheim hatte mit Bauunternehmer Clever einen VOB-Bauvertrag geschlossen. Dem Vertrag lagen auch die ZVB sowie die BVB zugrunde. Nach Beginn der Arbeiten verlangte Clever eine Abschlagszahlung unter Hinweis auf sein ZVB. Diesem Verlangen lag die Bürgschaft der B-Bank bei, die für den Fall selbstschuldnerisch haften wollte, daß Clever seiner Verpflichtung zum Einbau der mit der Abschlagszahlung erworbenen Materialien nicht nachkommt.
Während der Bauarbeiten ging Clever in Konkurs. Der Konkursverwalter wollte die Arbeiten jedoch fortführen.
Zur Vermeidung von Streitigkeiten wurde ein Leistungsstand festgestellt. Bei diesem waren jedoch geleistete Abschlagszahlungen nicht berücksichtigt. In der Schlußrechnung waren diese Abschlagszahlungen nicht berücksichtigt.

Kann Eigenheim nun aus der Bürgschaft vorgehen?

Antwort:
Eigenheim kann nicht aus der Bürgschaft vorgehen. Die Bank hat eine Abschlagsbürgschaft geleistet. Clever hat unter Berufung auf die ZVB eine Abschlagszahlung für bereits gestellte Materialien gefordert und erhalten. Abschlagszahlungen setzen voraus, daß Clever die vergütet verlangten Teile der Leistung bereits erbracht hat. Als solche Leistung gelten auch die auf die Baustelle gelieferten Stoffe und Materialien gemäß §16 Nr. 1 I Satz 3 VOB/B. Deshalb handelt es sich vorliegend um eine Abschlagszahlungs- und nicht um eine Vorauszahlungsbürgschaft. Eigenheim kann daraus nur Ansprüche haben, wenn Leistungstörungen dazu führen, daß er kein Eigentum an den bezahlten Stoffen erlangt, weil diese nicht eingebaut werden. Vorliegend wurden die gelieferten Stoffe jedoch eingebaut. Eigenheim hat damit Eigentum erworben.

Merke:
Vereinbaren Auftraggeber und Unternehmer die Stellung einer Abschlagsbürgschaft für bereits gestellte Materialien (§16 Nr. 1 Abs. 1 Satz 3 VOB/B), so ist von einer Abschlagszahlungsbürgschaft auszugehen, selbst wenn das Bürgschaftsformular es offen läßt, ob es sich um eine solche oder um eine Vorauszahlungsbürgschaft handelt.

Angesprochene Rechtsquellen:

§ 765 BGB; § 16 Nr. 1 VOB/B
Stichwort: Bürgschaft Auszahlungsbürgschaft
Urteil: BGH vom 09.04.1992 (IX ZR 148/91)

Fall B 24 (-)

Gibt die vertragliche Vereinbarung einer Gewährleistungsbürgschaft als Sicherheitsleistung einen Anspruch auf eine Bürgschaft auf erstes Anfordern?

Eigenheim hat mit Bauunternehmer Baufix einen Bauvertrag geschlossen. In diesem Bauvertrag wird die Ablösung des Sicherheitseinbehaltes durch eine Gewährleistungsbürgschaft vereinbart. Eigenheim verlangt nun, daß Baufix ihm eine Bankbürgschaft bestellt, bei der auf erstes schriftliches Anfordern hin und ohne Prüfung durch den Unternehmer die Bürgschaftssumme auszuzahlen ist. Dies verweigert Baufix. Er meint, eine solche Vereinbarung sei im Bauvertrag nicht getroffen worden.

Zu Recht?

Antwort:
Eigenheim hat keinen Anspruch auf eine Bankbürgschaft, bei der auf erstes schriftliches Anfordern hin und ohne Prüfung durch den Unternehmer die Bürgschaftssumme auszuzahlen ist. Eine derartige Bankbürgschaft kann zwar in dem Bauvertrag vereinbart werden, dies geschieht jedoch nicht schon dadurch, daß die Ablösung des Sicherheiteinbehaltes durch eine Bankbürgschaft vereinbart wird.

Merke:
Die Gewährleistungsbürgschaft gem. §17 VOB/B begründet nur dann eine Bürgschaftsverpflichtung auf erstes Anfordern, wenn dies ausdrücklich vereinbart ist.

Angesprochene Rechtsquellen:

§ 17 VOB/B; § 765 BGB
Stichwort: Bürgschaft auf erstes Anfordern - Sicherheitsleistung, Vereinbarung
Urteil: OLG Frankfurt vom 20.05.1985 (74/84)
Urteil: BGH vom 19.09.1985 (IX ZR 16/85)

Fall B 25 (-)

Ist eine Eigentumswohnung mangelhaft, wenn sie den Mindestanforderungen für Luft- und Trittschall genügt?

Eigenheim kauft von der Bauplan eine Eigentumswohnung. Im Kaufvertrag findet sich kein ausdrücklicher Hinweis darauf, daß ein Schallschutz geschuldet wurde. Es handelt sich auch nicht um eine Luxuswohnung. Aus der Baubeschreibung ergibt sich nämlich, daß Stahlbetonmassivdecken mit schwimmendem Estrich als Unterboden zur Errichtung der erforderlichen Schall- und Wärmedämmung geschuldet ist. Als Eigenheim die Wohnung bezieht, muß er feststellen, daß ihm der Luft- und Trittschall in dieser Wohnung eindeutig zu laut ist. Zwar muß er erkennen, daß der Schallschutz den Mindestanforderungen für Luft- und Trittschall genügt, er meint jedoch, daß aufgrund der Baubeschreibung ein erhöhter Schallschutz vereinbart gewesen wäre. Dies wird von der Bauplan bestritten.

Welche Auffassung ist richtig?

Antwort:
Es ist kein erhöhter Schallschutz geschuldet. Ein erhöhter Schallschutz wäre nur dann geschuldet gewesen, wenn im notariellen Erwerbsvertrag ein ausdrücklicher Hinweis darauf zu finden wäre. Da dies nicht der Fall ist und es sich auch nicht im eine Luxuswohnung handelt, ist die Eigentumswohnung mangelfrei. Auch aus der Baubeschreibung kann sich nicht die Vereinbarung eines höheren Schallschutzes ergeben.

Merke:
Sind die Mindestanforderungen an den Schallschutz für Luft- und Trittschall erfüllt, so ist in der Regel kein Mangel der Wohnung zu beobachten. Bei den Mindestanforderungen kann jedoch nicht auf DIN 4109 verwiesen werden. DIN 4109 ist überholt. Durch Weiterentwicklungen sind die Mindestanforderungen nun höher anzusetzen als dies noch in der DIN 4109 geschehen ist.

Angesprochene Rechtsquellen:
§ 633 BGB Stichwort: DIN-Normen Schallschutz DIN 4109 Urteil: OLG München vom 08.03.1991 (9 U 5179/87)

Fall B 26 (-)

Wer ist zum Schadenersatz verpflichtet, wenn der Baustellenleiter eine Pflicht des Bauträgers erfüllt und dabei einen Fehler begangen hat?

Bauträger Bauplan läßt vom Bauunternehmer Baufix ein Mehrfamilienhaus errichten. Dazu wurde ein VOB/Bauvertrag geschlossen. Die Firma Bauplan hatte den Bauingenieur Norbert B. als Baustellenleiter bestellt. Dieser hatte dem Bauunternehmer Baufix einen unrichtigen Höhenfestpunkt angegeben. Dadurch entstand dem Bauunternehmer ein erheblicher Schaden, mußte er doch einen erheblichen Teil der Arbeiten wiederholen.

Baufix möchte nun wissen, von wem er Schadenersatz verlangen kann.

Antwort:
Norbert B. ist als Erfüllungsgehilfe der Firma Bauplan tätig geworden, und deshalb ist sein Verschulden der Firma Bauplan im Verhältnis zum Bauunternehmer zuzurechnen. Dabei war die Frage, ob der bauleitende Bauingenieur Erfüllungsgehilfe des Bauträgers sein kann, von erheblicher Bedeutung. Der BGH bejahte dies unter Hinweis auf die aus §3 Nr. 2 VOB/B ergebende Verpflichtung der Firma Bauplan zur Schaffung der notwendigen Höhenfestpunkte. Das Gericht hob dabei hervor, daß es auf die Eigenschaft des Ingenieurs als freier Mitarbeiter und verantwortlicher Bauleiter im Sinne der LBO nicht ankomme. Wesentlich sei, daß er faktisch in Erfüllung einer dem Bauträger obliegenden Pflicht gehandelt habe. Somit war Norbert B. Erfüllungsgehilfe der Firma Bauplan, als er die Höhenfestpunkte angegeben hat.

Merke:
Der bauleitende Bauingenieur ist dann Erfüllungsgehilfe des Bauträgers, wenn er in Erfüllung einer dem Bauträger obliegenden Pflicht handelt.

Angesprochene Rechtsquellen:

§ 3 Nr. 2 VOB/B; 278 BGB
Stichwort: Erfüllungsgehilfe Höhenfestpunkte, Bauträger
Urteil: BGH vom 05.12.1985 (VII ZR 156/85)

Fall B 27 (-)

Wird der Werklohn mit der Abnahme des Werkes fällig, wenn die Höhe des Werklohnes noch nicht feststeht oder noch nicht bekannt ist?

Baufix hatte für Eigenheim ein Wohnhaus errichtet. Nach Fertigstellung wird das Wohnhaus auch von Eigenheim abgenommen. Einen Monat später stellt Baufix seine Schlußrechnung. Da Eigenheim jedoch diese Schlußrechnung innerhalb von 2 Monaten nicht begleicht, verklagt Baufix den Eigenheim auf Zahlung der Werklohnforderung nebst Zinsen seit Abnahme. Eigenheim hält entgegen, daß die Werklohnforderung erst ab der Schlußrechnung fällig geworden ist und Baufix somit auch erst ab diesem Zeitpunkt Zinsen verlangen könne.

Zu Recht?

Antwort:
Eigenheim liegt hier leider verkehrt. Die Werklohnforderung wird regelmäßig mit Abnahme gemäß §641 BGB fällig. Somit stehen Baufix auch Zinsen ab Abnahme bezüglich seiner Werklohnforderung zu. Dies gilt selbst dann, wenn die Höhe der Werklohnforderung zum Zeitpunkt der Abnahme noch nicht feststeht oder wenn sie zwar feststeht, dem Besteller (Eigenheim) jedoch noch nicht bekannt ist. Um die Fälligkeit herbeizuführen, ist es nicht notwendig, daß der Unternehmer (Baufix) seine Schlußrechnung stellt.

Merke:
Die Werklohnforderung wird regelmäßig mit Abnahme der Werkleistung fällig. Einer Rechnungstellung durch den Unternehmer bedarf es nicht.

Angesprochene Rechtsquellen:

§ 641 BGB
Stichwort: Fälligkeit - BGB-Werkvertrag ;Abnahme
Urteil: OLG Celle vom 09.07.1985 (16 U 216/84)

Fall B 28 (-)

Ist bei vorzeitiger Beendigung eines VOB-Bauvertrages eine Schlußrechnung zu stellen, um die Fälligkeit der Forderung herbeizuführen?

Eigenheim hatte mit Baufix einen VOB-Bauvertrag über die Errichtung eines Einfamilienhauses abgeschlossen. Aufgrund diverser Unstimmigkeiten kommt es jedoch zur vorzeitigen Beendigung des Vertrages. In den von Baufix gestellten Teilrechnungen sind bereits sämtliche ausgeführten Arbeiten erfaßt. Als Eigenheim zwei Monate später noch nicht bezahlt hat, verlangt Baufix nun neben seinen Werklohnforderungen auch Zinsen für diese. Eigenheim hält ihm entgegen, Zinsen wären nicht begründet, da Fälligkeit der Werklohnforderung mangels Abnahme bzw. Erteilung einer Schlußrechnung noch nicht eingetreten sei.

Kann Baufix Zinsen verlangen?

Antwort:
Hier ist ein Zinsanspruch von Baufix begründet. Da Baufix sämtliche ausgeführten Arbeiten bereits in Teilrechnungen erfaßt hat, bedarf es weder einer Abnahme noch der Erteilung einer Schlußrechnung, um die Fälligkeit der Werklohnforderung herbeizuführen. Somit ist die Werklohnforderung mit Stellung der letzten Teilrechnung bereits fällig geworden und ein Zinsanspruch ist für diesen Zeitraum begründet.

Merke:
Enthalten die vom Unternehmer erstellten Teilrechnungen sämtliche ausgeführten Arbeiten, so bedarf es nach vorzeitiger Beendigung des VOB/Bauvertrages weder einer Abnahme noch der Erteilung einer Schlußrechnung, um die Fälligkeit der Werklohnforderung herbeizuführen.

Angesprochene Rechtsquellen:

§ 641 BGB; § 16 Nr. 3 VOB/B
Stichwort: Fälligkeit, Kündigung, Schlußrechnung, Teilrechnungen
Urteil: OLG Köln vom 19.08.1992 (19 U 141/91)

Fall B 29 (-)

Muß der Unternehmer in jedem Fall die zum Nachweis von Art und Umfang seiner Leistung erforderlichen Belege seiner Schlußrechnung beifügen?

Baufix hat für Eigenheim ein Einfamilienhaus errichtet. Während der Bauausführung hatte Eigenheim und sein Architekt die Bauleitung selbst in die Hand genommen. Der Schlußrechnung von Baufix fehlten Mengenberechnungen sowie Ausführungs- und Abrechnungszeichnungen und andere Belege. Eigenheim meint, diese Schlußrechnung sei wegen mangelnder Prüfbarkeit im Sinne des §14 Nr. 1 VOB/B mangelhaft, da die entsprechenden Belege fehlten.

Zu Recht?

Antwort:
Die hier von Baufix gestellte Schlußrechnung ist nicht fehlerhaft. Sie stellt eine prüfbare Schlußrechnung im Sinne des §14 Nr. 1 VOB/B dar. Die Übersendung von Mengenrechnungen, Ausführungs- und Abrechnungszeichnungen und anderen Belegen ist in diesem Fall nicht notwendig, da Eigenheim zusammen mit seinem Architekten die Bauleitung selbst in die Hand genommen hatte und sich deshalb an Ort und Stelle anhand der aufgestellten Rechnungen von Art und Umfang der Leistung überzeugen konnte.

Merke:
Grundsätzlich erfordert die Erstellung einer prüfbaren Schlußrechnung im Sinne des §14 NR. 1 VOB/B die Übersendung von Mengenberechnungen, Ausführungs- und Abrechnungszeichnungen und andere Belege. Eine Beifügung derartiger Unterlagen ist regelmäßig dann entbehrlich, wenn der Auftraggeber oder sein Architekt die Bauleitung selbst in die Hand genommen hat und sich deshalb an Ort und Stelle anhand der aufgestellten Rechnungen von Art und Umfang der Leistung überzeugen konnten.

Angesprochene Rechtsquellen:
§ 14 Nr. 1 VOB/B Stichwort: Fälligkeit prüfungsfähige Schlußrechnung, Abrechnungsunterlagen Urteil: OLG Düsseldorf vom 23.11.1982 (23 U 42/82)

Fall B 30 (-)

Kann in einem VOB-Bauvertrag die Fälligkeit der Vergütung der Werkleistung frei vereinbart werden?

Baufix hat für Eigenheim ein Mehrfamilienhaus errichtet. Durch eine Vereinbarung im Bauvertrag wird die Fälligkeit der Vergütung des Baufix davon abhängig gemacht, daß dieser dem Eigenheim sogenannte Mängelfreiheitsbescheinigungen Dritter vorlegt. Nach Abschluß der Arbeiten wird das Haus von Eigenheim abgenommen. Kurz darauf stellt er seine Schlußrechnung. Als Eigenheim einige Monate später immer noch nicht bezahlt hat, macht Baufix vom Tag der Abnahme an Zinsen geltend. Eigenheim hält dem entgegen, ein Zinsanspruch bestünde nicht, da laut Vertrag vereinbart war, daß die Vergütung erst fällig ist, wenn Mängelfreiheitsbescheinigungen Dritter vorgelegt werden und dies sei noch nicht erfolgt.

Sind die Zinsforderungen des Baufix trotz fehlender Mängelfreiheitsbescheinigungen Dritter begründet?

Antwort:
Der Zinsanspruch des Baufix ist begründet. Die Fälligkeit der Vergütung ist regelmäßig von der Abnahme der Werkleistung gemäß §641 BGB abhängig. Eine Vereinbarung, wie zwischen Eigenheim und Baufix getroffen, ist unangemessen und rechtsunwirksam. Insoweit kommt es auch nicht darauf an, ob die Bescheinigungen für verschiedene Hauseinheiten von mehreren oder lediglich von einem einzigen Dritten aufzustellen wären.

Merke:
Die Fälligkeit der Vergütung der Werkleistung kann nicht von Mängelfreiheitsbescheinigungen Dritter abhängig gemacht werden.

Angesprochene Rechtsquellen:

§ 641 BGB
Stichwort: Fälligkeitschlußrechung, Mängelfreiheitsbescheinigungen
Urteil: OLG Köln vom 20.12.1977 (9 U 107/77)

Fall B 31 (-)

Muß sich der Fertighaushersteller, der den Keller des Fertighauses nicht herstellt, über die Baugrundverhältnisse vergewissern?

Eigenheim schließt mit Fertighaushersteller Baugut einen Fertighaus-Herstellungsvertrag. Darin verpflichtet sich Baugut zur Errichtung eines Fertighauses oberhalb der Kellergeschoßdecke. Einige Zeit nachdem das Fertighaus fertiggestellt worden war, treten jedoch erhebliche Mängel zutage. Wie sich herausstellt, sind diese darauf zurückzuführen, daß die Baugrundverhältnisse nicht ausreichend waren. Eigenheim möchte nun von Baugut Schadenersatz haben, da er meint, Baugut hätte sich über die Baugrundverhältnisse vergewissern müssen. Baugut lehnt dies jedoch ab.

Zu Recht?

Antwort:
Baugut lehnt die Schadenersatzansprüche zu Recht ab. Er ist nicht verpflichtet, sich über die Baugrundverhältnisse zu vergewissern. Dies trifft selbst dann zu, wenn er auch die Planung des Kellergeschosses übernommen hätte. Lediglich dann, wenn er die Planung für die Fundamente des Hauses übernommen hätte, wäre er für die Baugrundverhältnisse verantwortlich. Da Baugut dies hier jedoch nicht getan hat, hat er sich nicht schadenersatzpflichtig machen können.

Merke:
Ein Fertighaushersteller ist nicht verpflichtet, sich über die Baugrundverhältnisse zu vergewissern. Eine Ausnahme davon besteht nur dann, wenn er auch die Planung der Fundamente des Hauses übernommen hat.

Angesprochene Rechtsquellen:

§ 631 BGB
Stichwort: Fertighaushersteller, Baugrundverhältnisse, Planungsfehler
Urteil: BGH vom 23.09.1976 (III ZR 119/74)

Fall B 32 (-)

Wie können Pläne und sonstige Formulare in einen materiellen Vertrag wirksam einbezogen werden?

Eigenheim erwirbt von Bauträger Bauplan ein Grundstück. Im notariellen Grundstückskaufvertrag wird als Teil dieses Vertrages die Verpflichtung des Verkäufers zur Errichtung eines Hauses aufgenommen. Wegen der Gestaltung des Hauses wird auf bestehende Baupläne Bezug genommen. Die Baupläne werden der Urkunde jedoch nicht beigefügt. Als nun Eigenheim die Errichtung des Hauses verlangt, meint die Firma Bauplan lediglich, daß sie diese Verpflichtung nicht treffe, da der Vertrag zumindest insoweit unwirksam sei.

Zu Recht?

Antwort:
Tatsächlich ist zumindest dieser Teil des Vertrages nichtig. Nach §9 Abs. 1, Abs. 2 Beurkundungsgesetz und §313, 125 BGB wären die Pläne nur dann Bestandteil des beurkundeten Vertrages geworden, wenn sie dem Vertrag beigefügt worden wären. Dies ist hier jedoch nicht geschehen. Somit ist zumindest dieser Teil unwirksam. Dies führt dann zur Nichtigkeit des gesamten Vertrages nach §139 BGB, wenn nicht anzunehmen ist, daß das Geschäft auch ohne den nichtigen Teil vorgenommen würde. Hätte also Eigenheim das Grundstück auch ohne diese Bauverpflichtung des Bauplan erworben, so wäre zumindest der Grundstückskauf wirksam. Hier besteht in jedem Fall keine Verpflichtung des Bauplan zur Errichtung eines Hauses.

Merke:
Sollen in einem notariellen Vertrag Pläne oder sonstige Formulare einbezogen werden, so muß im Vertrag auf diese Bezug genommen werden und sie müssen dem Vertrag beigefügt werden. Geschieht dies nicht, ist die Form des §313 BGB nicht gewahrt.

Angesprochene Rechtsquellen:

§ 313 BGB; § 9 Beurkundungsgesetz
Stichwort: Formmangel - Bauwerkvertrag, Beurkundungserfordernis
Urteil: BGH vom 06.04.1979 (V ZR 72/74)

Fall B 33 (-)

Ist der eine Ausschreibung aufhebende Auftraggeber gegenüber dem zuschlagsberechtigten Bieter zum Schadenersatz verpflichtet?

Eigenheim möchte ein Haus bauen. Im Zuge der Bauvorbereitung schreibt er diverse Arbeiten aus. Wie er jedoch feststellen muß, reichen seine finanziellen Mittel zur Bauausführung nicht aus. Deshalb muß er die Ausschreibung nach §26 Nr. 1 VOB/A aufheben. Röhrich, der ohne Aufhebung den Auftrag hätte erhalten müssen, verlangt nun Schadenersatz von Eigenheim.

Zu Recht?

Antwort:
Der Schadenersatzanspruch des Röhrich ist begründet, wenn Eigenheim das Scheitern der Ausschreibung zu vertreten hat. Dies wird jedoch meistens der Fall sein, wenn die Aufhebung wegen mangelnder Finanzierungsmittel aufgehoben werden muß. Somit hat Eigenheim Schadenersatz zu bezahlen. Dabei hat er das sog. Erfüllungsinteresse des Röhrich zu befriedigen. Das bedeutet, er hat Rörich so zu stellen, wie dieser stehen würde, wenn er ordnungsgemäß erfüllt hätte. (Schadenersatz wegen Nichterfüllung)

Merke:
Hebt der Auftraggeber die Ausschreibung nach §26 Nr. 1 VOB/A auf, da die Finanzierungsmittel nicht reichen, kann der Bieter, der ohne die Aufhebung den Auftrag hätte erhalten müssen, bei einem Verschulden des Auftraggebers das Erfüllungsinteresse als Schadenersatz geltend machen.

Angesprochene Rechtsquellen:

§ 26 VOB/A
Stichwort: Ausschreibung - Aufhebung wegen fehlender Finanzierungsmittel
Urteil: OLG Karlsruhe vom 05.11.1992 (4 U 24/92)

Fall B 34 (-)

Kann ein unbegründetes Schadenersatzverlangen des Bauherrn in eine Kündigung umgedeutet werden?

Bauherr Eigenheim ließ sich von Bauunternehmer Baufix den Rohbau seines neuen Eigenheimes errichten. Während der Bauausführung kommt es jedoch zu erheblichen Verzögerungen. Diese Verzögerungen sind jedoch nicht auf ein Verschulden des Bauunternehmers Baufix zurückzuführen. Dennoch will Bauherr Eigenheim einen Schadenersatzanspruch wegen Verzuges gemäß §326 BGB geltend machen. Eigenheim muß sich jedoch von seinem Anwalt aufklären lassen, daß dieses Schadenersatzverlangen unbegründet ist und keine Aussicht auf Erfolg haben wird. Als Bauunternehmer Baufix seine Arbeiten fortsetzen möchte, meint Eigenheim, ein Vertrag würde nicht mehr bestehen, da sein unbegründetes Schadenersatzverlangen in eine Kündigung umgedeutet werden könne und somit der Vertrag durch diese Kündigung aufgehoben sei.

Zu Recht?

Antwort:
Die Auffassungen des Eigenheim sind nicht richtig. Ein Schadenersatzverlangen und eine Kündigung sind grundsätzlich verschiedene Erklärungen, so daß ein Schadenersatzverlangen nicht in eine Kündigung umgedeutet werden kann.

Merke:
Ein auf §326 BGB gestütztes Schadenersatzverlangen, das, wegen Fehlen der Voraussetzungen dieser Vorschrift, nicht begründet ist, kann nicht in eine Kündigung nach §649 BGB umgedeutet werden.

Angesprochene Rechtsquellen:

§§ 326, 649 BGB
Stichwort: Kündigung
Urteil: OLG Karlsruhe vom 16.01.1992 (9 U 209/90)

Fall B 35 (-)

Kann der geschädigte Gebäudeeigentümer eine Totalerneuerung verlangen, wenn eine Reparatur lediglich mit Farbtondifferenzen möglich ist?

Die Hausfassade von Hauseigentümer Eigenheim wurde von Schlampig beschädigt. Daraus entstand ein Schadenersatzanspruch des Eigenheim gegen den Schlampig. Eigenheim verlangt nun Totalerneuerung seiner Fassade. Dies ist Schlampig viel zu teuer und bietet deshalb eine bestmögliche Reparatur an. Eine solche Reparatur wäre erheblich billiger. Allerdings würden geringfügige optische Mängel (Farbtondifferenzen) bei dieser Reparatur zurückbleiben. Hierfür bietet Schlampig Eigenheim Ersatz in Form von Geld an. Damit ist Eigenheim nicht einverstanden. Kann Eigenheim Totalerneuerung seiner Fassade verlangen?

Antwort:
Eigenheim kann keine Totalerneuerung seiner Fassade verlangen. Eine derartige Totalerneuerung kann von Eigenheim nur dann verlangt werden, wenn sich eine preiswertere Methode als unzulänglich erweisen würde. Eine solche Unzulänglichkeit ist jedoch nicht gegeben, wenn lediglich geringfügige optische Mängel zu erwarten sind. Somit muß Schlampig lediglich für eine Reparatur geradestehen. Sollten sich hierbei geringfügige optische Mängel ergeben, so hat Schlampig Eigenheim mit Geld zu entschädigen.

Merke:
Eine kostenaufwendige Schadensbeseitigung kann der geschädigte Gebäudeeigentümer nur dann verlangen, wenn sich eine preiswertere Methode als unzulänglich erweist. Für evtl. verbleibende geringfügige optische Mängel ist der Gebäudeeigentümer in Geld zu entschädigen.

Angesprochene Rechtsquellen:
§ 633 BGB; § 13 Nr. 5 VOB/B Stichwort: Mängelbeseitigungskosten - Totalerneuerung oder Reparatur, Minderung Urteil: OLG Hamm vom 17.03.1994 (27 U 227/93)

Fall B 36 (-)

Hat der Bauherr auch dann noch einen Anspruch auf Ersatz der zur Mängelbeseitigung erforderlichen Kosten, wenn er das Grundstück veräußert hat?

Eigenheim hat sich ein Haus errichten lassen. Eigenheim mußte einige Mängel von einem anderen Unternehmer beseitigen lassen, da Baufix eine ihm gesetzte Frist verstreichen ließ. Dies begründete einen Ersatz der Mängelbeseitigungskosten gegenüber Baufix nach §13 Nr. 5 Abs. 2 VOB/B. Da Eigenheim jedoch mit seinem Haus sowieso nicht sehr glücklich war, veräußerte er es schon einige Tage später. Dennoch möchte er seinen Kostenerstattungsanspruch gegenüber Baufix durchsetzen. Baufix meint jedoch, mit der Veräußerung des Grundstückes sei auch der Anspruch auf Kostenersatz wegen der Mängelbeseitigung nichtig.

Zu Recht?

Antwort:
Der Kostenerstattungsanspruch wegen der Mängelbeseitigung ist mit Veräußerung des Grundstückes untergegangen.

Merke:
Der Anspruch des Auftraggebers auf Ersatz der zur Mängelbeseitigung erforderlichen Kosten nach §13 Nr. 5 Abs. 2 VOB/B geht mit der Veräußerung des Grundstückes unter.

Angesprochene Rechtsquellen:

§ 13 Nr. 5 VOB/B
Stichwort: Mängelbeseitigungskosten - Verkauf des Grundstücks
Urteil: OLG Köln vom 18.06.1993 (19 U 241/92)

Fall B 37 (-)

Wann ist eine Werkleistung mangelhaft?

Bauherr Eigenheim hat mit Unternehmer Baufix einen Bauvertrag geschlossen. Auf Drängen des Eigenheim wurden in diesem Bauvertrag auch Besonderheiten bei der Bauausfürung geregelt. Durch diese Besonderheiten konnten bestimmte DIN-Normen, welche als anerkannte Regeln der Technik einzustufen waren, nicht mehr erfüllt werden. Eigenheim ist in baulichen Dingen durchaus Sachkunde zu bescheinigen. Als nun die Bauarbeiten weit fortgeschritten sind, zeigt sich Eigenheim überrascht von der Abweichung von diesen DIN-Normen. Er sieht diese Abweichungen als Mangel der Werkleistung an und verlangt Mangelbeseitigung. Baufix weist jedoch auf die vertragliche Vereinbarung hin und verweigert die Mangelbeseitigung. Eigenheim hingegen besteht auf der Mangelbeseitigung und meint, Baufix hätte ihn auf diese Abweichung hinweisen müssen. Dies ist tatsächlich nicht geschehen.

Muß Baufix den Mangel beseitigen?

Antwort:
Einen Anspruch auf Mängelbeseitigung hat Eigenheim nicht. Grundsätzlich bestimmt sich die Mangelhaftigkeit einer Werkleistung vorrangig nach den vertraglichen Vereinbarungen. So führt die Nichteinhaltung einer als anerkannten Regel der Technik einzustufenden DIN-Norm nur dann zu einem Mangel der Werkleistung, wenn keine vertragliche Vereinbarung getroffen wurde. Darüber hinaus besteht eine Hinweispflicht des Unternehmers, den sachunkundigen Bauherrn auf die Abweichung von der DIN-Norm aufmerksam zu machen. Vorliegend hat Eigenheim Sachkunde. Somit war Baufix nicht verpflichtet, Eigenheim auf die Abweichung von der DIN-Norm hinzuweisen. Deshalb besteht kein Mangelbeseitigungsanspruch des Eigenheim.

Merke:

Ob eine Werkleistung mangelhaft ist, richtet sich in erster Linie nach den werkvertraglichen Vereinbarungen. Die Nichteinhaltung einer als anerkannte Regel der Technik einzustufende DIN-Norm tritt nicht ohne Weiteres zu einem Mangel der Werkleistung, wenn abweichende vertragliche Vereinbarungen bestehen. Ist der Bauherr sachkundig, muß der Unternehmer nicht auf die Abweichung von der DIN-Norm hinweisen.

Angesprochene Rechtsquellen:

§ 13 Nr. 1 VOB/B; § 633 Abs. 1 BGB
Stichwort: Mangelhafte Bauleistung - Abweichung von DIN, Sollleistung
Urteil: OLG Hamm vom 13.04.1994 (12 U 171/93)

Fall B 38 (-)

Erfährt ein Haus einen merkantilen Minderwert, wenn gravierende Tritt- und Luftschallübertragungsmängel ordnungsgemäß repariert worden sind?

Eigenheim möchte sein Haus verkaufen. Bald findet er einen Käufer. Er verkauft an Karl Käufer. Dieser stellt jedoch bald fest, daß das Haus gravierende Tritt- und Luftschallübertragungsmägel aufweist. Er verlangt deshalb von Eigenheim Mängelbeseitigung sowie Kaufpreisminderung.

Zu Recht?

Antwort:
Soweit Eigenheim Gewährleistungsansprüche nicht ausgeschlossen hat, hat er für eine Reparatur zu sorgen. Eine Minderung des Kaufpreises darüber hinaus wegen merkantilem Minderwert des Hauses kann jedoch nicht gewährt werden. Durch die ordnungsgemäße Reparatur wird nämlich der Minderwert kompensiert.

Merke:
Bei ordnungsgemäßer Reparatur nach gravierenden Tritt- und Luftschallübertragungsmängeln eines Hauses liegt grundsätzlich kein merkantiler Minderwert des Hauses vor.

Angesprochene Rechtsquellen:

§ 635 BGB
Stichwort: Minderwert Schallschutzmängel - Nachbesserung
Urteil: OLG Hamm Beschluß vom 09.07.1993 (12 W 10/93)

Fall B 39 (-)

Ist bei der Schadensberechnung ein vereinbarter Skontoabzug für den Käufer zu berücksichtigen, wenn sich der Käufer schadenersatzpflichtig gemacht hatte?

Eigenheim möchte für sich und seine Familie ein Eigenheim erwerben. Dazu wendet er sich an Bauträger Schönbau und schließt mit diesem einen entsprechenden Vertrag ab. Der Vertrag enthält u.a. eine Skontovereinbarung für termingerechte Zahlung. Im Zuge der Vertragsabwicklung gerät Eigenheim in Verzug, wodurch er sich gegenüber der Firma Schönbau Schadenersatzpflichtig macht. Eigenheim ist der Auffassung, daß die vereinbarten Skontoabzüge bei der Schadensberechnung zu seinen Gunsten berücksichtigt werden müßten. Die Firma Schönbau hält dem entgegen, daß Skontoabzüge nur dann in Anspruch genommen werden können, wenn termingerecht bezahlt worden wäre. Dies sei hier nicht der Fall, so daß bei einem Schadenersatzanspruch wegen Nichterfüllung aufgrund eines Verzuges ein Skontoabzug für die Schadensberechnung keine Rolle spielen kann.

Zu Recht?

Antwort:
Die Auffassung der Firma Schönbau ist korrekt. Hat der Käufer Schadenersatz wegen Nichterfüllung zu leisten, so ist bei der Schadensberechnung nicht zu berücksichtigen, daß der Käufer im Falle der Zahlung nach den Umständen ein vereinbartes Skonto in Anspruch genommen hätte.

Merke:
Bei der Schadensberechnung wegen eines Schadenersatzes wegen Nichterfüllung aufgrund Verzug des Käufers ist zu dessen Gunsten ein vereinbarter Skontoabzug nicht zu berücksichtigen.

Angesprochene Rechtsquellen:

§§ 249, 325, 635 BGB
Stichwort: Schadenersatz - Skontoabzug bei Schadensberechnung
Urteil: OLG Karlsruhe vom 30.09.1993 (4 U 101/93)

Fall B 40 (-)

Wann verliert der Sachverständige seinen Entschädigungsanspruch?

Bauunternehmer Baufix sollte für ein Gericht ein Sachverständigengutachten erbringen. Aufgrund schwerwiegender inhaltlicher Mängel verweigert die Staatskasse eine Bezahlung. Dies wurde damit begründet, daß die erbrachten Leistungen unverwertbar sind.

Zu Recht?

Antwort:
Die Verweigerung der Bezahlung ist berechtigt. Baufix hat seinen Entschädigungsanspruch gegen die Staatskasse verwirkt, da das Sachverständigengutachten schwerwiegende inhaltliche Mängel aufwies und somit die erbrachte Leistung unverwertbar war.

Merke:
Enthält ein Sachverständigengutachten schwerwiegende inhaltliche Mängel, so ist die erbrachte Leistung unverwertbar und der Sachverständige verwirkt dadurch seinen Entschädigungsanspruch gegen die Staatskasse.

Angesprochene Rechtsquellen:

§ 3 ZSEG Stichwort: Sachverständigenprüfung - Verwirkung wegen schwerwiegender Mängel des Gutachtens Urteil: OLG Koblenz Beschluß vom 27.11.1992 (5 W 637/92)

Fall B 41 (-)

Wem gegenüber hat der Auftraggeber die Schlußzahlungserklärung abzugeben, wenn der Auftragnehmer seine Werklohnforderung abgetreten hat?

Krankengymnast Rudi Renker möchte sich vergrößern. Dazu beauftragt er Bauunternehmer Baufix mit der Errichtung neuer Praxisräume. Da Baufix noch Schulden bei Rohstofflieferant Georg Ziegel hat, tritt er diesem die Werklohnforderung gegenüber Renker ab. Diese Abtretung wurde auch Renker mitgeteilt. Nach Abschluß der Arbeiten und Stellung der Schlußrechnung begleicht Renker die Rechnung. Gegenüber Baufix erklärt er zugleich, daß diese Zahlung seine Schlußzahlung darstellt. Ziegler meint jedoch, daß mit dieser Schlußzahlung noch nicht alle Leistungen bezahlt seien. Er erhebt deshalb Nachforderungen. Renker verweigert die Bezahlung dieser Nachforderungen und verweist auf seine Schlußzahlungserklärung gegenüber Baufix. Des weiteren verweist er auf §16 Nr. 3 Abs. 2 VOB/B, nach dem der Gläubiger einen Vorbehalt gegen die Schlußzahlung hätte erklären müssen, wenn er sich weitere Nachforderungen vorbehält. Dies ist hier nicht geschehen, so daß Renker nicht bezahlt.

Zu Recht?

Antwort:
Die Ansicht des Renker ist hier nicht korrekt. Da vorliegend Ziegler berechtigt war, einen Vorbehalt gegen die Schlußzahlung gem. §16 Nr. 3 Abs. 2 VOB/B zu erklären, war die Schlußzahlungserklärung auch gegenüber diesem abzugeben. Es genügt nicht, wenn die Schlußzahlungserklärung gegenüber dem alten Gläubiger abgegeben wird. Somit war hier die Schlußzahlungserklärung gegenüber Ziegler nicht wirksam abgeben, so daß dieser ohne weiteres Nachforderungen stellen kann.

Merke:
Nach abgetretener Werklohnforderung ist die Schlußzahlungserklärung des Auftraggebers auch gegenüber dem Abtretungsempfänger abzugeben, der jedenfalls nach §16 Nr. 3 Abs. 2 VOB/B berechtigt ist, den Vorbehalt gegen die Schlußzahlung zu erklären.

Angesprochene Rechtsquellen:

§16 Nr. 3 VOB/B
Stichwort: Schlußzahlungseinrede - Abtretung Vorbehaltserklärung
Urteil: OLG Frankfurt vom 19.03.1992 (1 U 176/89)

Fall B 42 (-)

Wann ist die Erklärung eines Vorbehaltes gegen die Schlußzahlungserklärung des Bestellers noch rechtzeitig?

Eigenheim und Baufix haben einen Bauvertrag geschlossen. Diesem Bauvertrag wird die VOB/B in der Fassung von 1988 zugrunde gelegt. Nach Abschluß der Arbeiten und Stellung der Schlußrechnung sowie Bezahlung geht einen Tag vor den Weihnachtsferien im Baugewerbe die Schlußzahlungserklärung des Eigenheim per Telefax ein. Ein Vorbehalt gegen diese Schlußzahlungserklärung erfolgt erst am 07. Januar per Einschreiben. Eigenheim meint, da bereits 12 Tage seit seiner Schlußzahlungserklärung verstrichen sind, sei der Vorbehalt verfristet.

Zu Recht?

Antwort:
Die Auffassung des Eigenheim ist nicht richtig. Vielmehr muß hier berücksichtigt werden, daß vom 24. Dezember bis 01. Januar auf dem Bau nicht gearbeitet wird. Somit wäre es treuwidrig, sich in diesem Fall auf Fristablauf zu berufen. Vielmehr muß die arbeitsfreie Zeit hier berücksichtigt werden. Danach ist die Vorbehaltsfrist noch nicht abgelaufen. Der Vorbehalt des Baufix ist nicht verfristet.

Merke:
Bei einer Schlußzahlungserklärung, die am letzten Arbeitstag vor Beginn der Weihnachsferien im Baugewerbe per Telefax übermittelt wird, ist ein Vorbehalt, der am 07. Januar per Einschreiben erfolgt, rechtzeitig. Denn mit Rücksicht darauf, daß vom 24. Dezember bis 01. Januar auf dem Bau nicht gearbeitet wird, ist eine solche Schlußzahlungserklärung bzw. die Berufung auf Fristablauf treuwidrig.

Angesprochene Rechtsquellen:

§ 16 Nr. 3 VOB/B
Stichwort: Schlußzahlungseinrede - VOB-Neufassung, Fristablauf wegen Weihnachtsferien
Urteil: KG Berlin vom 20.04.1993 (7 U 4068/92)

Fall B 43 (-)

Hat der Bauherr eine Mitteilungspflicht über die anrechenbaren Kosten, wenn eine ordnungsgemäße Kostenfeststellung oder ein Kostenvoranschlag nach DIN 276 nicht vorliegt?

Statiker Berechnix sollte für Eigenheim die notwendigen Berechnungen zur Errichtung des neuen Wohnhauses erbringen. Nach Abschluß seiner Arbeiten stellt Berechnix seine Schlußrechnung. Da die Parteien keine schriftliche Vereinbarung über die anrechenbaren Kosten nach §62 Abs. 5 HOAI getroffen haben und auch eine Kostenfeststellung bzw. ein Kostenvoranschlag nicht vorlag, ermittelte Berechnix die anrechenbaren Kosten aufgrund einer Kostenschätzung. Eigenheim verweigert nun die Bezahlung, weil er meint, die Schlußrechnung des Berechnix sei aufgrund der Kostenschätzung nicht prüffähig.

Zu Recht?

Antwort:
Die Auffassung des Eigenheim ist nicht korrekt. Vielmehr ist er seiner Mitteilungspflicht nicht nachgekommen. Der Statiker hat nämlich insoweit einen Auskunftsanspruch gegen den Bauherrn. Dies gilt insbesondere deshalb, da der Statiker regelmäßig auf die Erstellung der von ihm für seine Abrechnung benötigten Kostenermittlungen nur begrenzt Einfluß nehmen kann. Der Bauherr muß deshalb, da er diese Kosten von seinem Architekt erfahren kann, diese dem Statiker zur Verfügung stellen und diesem die tatsächlichen Baukosten im einzelnen mitteilen. Tut er dies nicht, kann der Bauherr die Prüffähigkeit der Schlußrechnung des Statikers nicht deshalb in Frage stellen, da dieser eine Kostenschätzung über die anrechenbaren Kosten zugrunde legt.

Merke:

Haben die Vertragsparteien über die anrechenbaren Kosten nach §62 Abs. 5 keine schriftliche Vereinbarung getroffen und sind diese auch nicht nach der Kostenfeststellung bzw. nach dem Kostenvoranschlag zu ermitteln, so ist eine Schlußrechnung des Statikers nicht deshalb prüfunfähig, weil die anrechenbaren Kosten lediglich geschätzt wurden. Der Statiker kann also eine Kostenschätzung durchführen, wenn eine schriftliche Vereinbarung über die anrechenbaren Kosten nicht getroffen wurde und die Ermittlung dieser Kosten aufgrund der Kostenfeststellung bzw. nach dem Kostenvoranschlag nicht möglich ist.

Angesprochene Rechtsquellen:

§§8, 10, 62 HOAI
Stichwort: Statikerhonorar - Prüfbare Rechnung, anrechenbare Kosten
Urteil: OLG Hamm vom 11.03.1993 (12 U 9/93)

Fall B 44 (-)

Kann der Bauherr kostenlos kündigen, wenn die Planung seines Fertighauses mangelhaft ist?

Bauherr Eilig schließt mit dem Fertighaushersteller Baufix einen Werkvertrag über die Erstellung eines Einfamilienhauses ab. Nach Fertigstellung der Planung reicht er diese ein. Wegen Mangelhaftigkeit der Planung bekommt er die Pläne zurück. Hierauf kündigt Bauherr Eilig das Bauvorhaben kurzerhand mit dem Hinweis, daß dadurch sein Vertrauen zerstört worden sei. Fertighaushersteller Baufix ist jedoch der Auffassung, ihm stünde ein Nachbesserungsrecht zu und rechnet deshalb seine Leistungen auf Basis von §8 Nr. 1 VOB bzw. §649 BGB ab. Seinen Schaden errechnet er aus dem, was ihm nach Fertigstellung durch seinen Generalunternehmer noch verblieben wäre.
Hierbei handelt es sich um 14% der Pauschalpreisvereinbarung zuzügl. Architektenkosten. Der Bauherr hingegen verweigert jegliche Zahlung, da die Leistung unbrauchbar sei.

Muß Bauherr Eilig zahlen?

Antwort:
Nach erfolgter Kündigung kann die Fertighausfirma Baufix grundsätzlich die vereinbarte Vergütung abzüglich der ersparten Aufwendungen verlangen (§ 8 Nr. 1, Abs. 2 VOB/B). Etwas anderes gilt bei einer berechtigten außerordentlichen Kündigung. Umstände, welche den Bauherrn Eilig zur Kündigung aus wichtigem Grund mit der Folge berechtigt hätten, daß der Firma Baufix kein Anspruch auf Vergütung für noch nicht erbrachte Leistungen zusteht, liegen nicht vor. Ein wichtiger Grund zur Kündigung wäre gegeben, wenn das Vertrauensverhältnis zwischen den Parteien aufgrund des Verhaltens der einen Seite derart zerrüttet ist, daß der anderen Seite ein Festhalten im Vertrag nicht zugemutet werden kann. Abzustellen ist dabei auf die konkreten Umstände des Einzelfalles. Vielmehr war Bauherr Eilig auf sein Recht nach § 8 Nr. 3 Abs. 1 in Verbindung mit § 5 Nr. 4 VOB beschränkt. Die danach vorgeschriebene Aufforderung zur Vertragserfüllung unter Fristsetzung ist nicht erfolgt. Das Gericht führt aus, daß dadurch der Fertighausfirma 14% des vereinbarten Pauschalpreises Restvergütung zustehen.

Merke:
Ein Bauvertrag kann nicht ohne stichhaltigen Grund kostenfrei ausgeräumt werden. Ist die Kündigung vom Bauherrn zu vertreten, hat er auch den entgangenen Gewinn zu zahlen.

Angesprochene Rechtsquellen:

§§ 8 Nr. 1 u. 3 Abs. 1 u. 2, 5 Nr. 4 VOB/B; § 649 BGB; § 10 Abs. 2 HOAI
Stichwort: Kündigung, Werkvertrag, Fertighaus, Fristsetzung
Urteil: LG Stralsund vom 15.02.1995 (7 O 206/94)

Fall B 45 (-)

Darf ein Fertighaus ohne Grundstück gekauft werden?

Bauherr Unschlüssig läßt sich Prospekte aus ganz Deutschland über Fertighäuser zusenden, obwohl er noch über kein Grundstück verfügt.
Kurz danach vereinbart er mit der günstigsten Firma einen Besprechungstermin in deren Musterhaus. Dabei begeistert ihn ein Haus so stark, daß er sich noch an Ort und Stelle entschließt, einen Antrag auf einen Werkvertrag über dieses Haus zu stellen. Der Antrag wird von der Firma ordnungsgemäß innerhalb des vorgesehenen Zeitraumes angenommen. Bereits bei den Vertragsverhandlungen hat Unschlüssig darauf hingewiesen, daß er noch kein passendes Grundstück in Aussicht hat und dieses zuerst noch beschaffen muß. Er verspricht, sobald ihm ein passendes Grundstück bekannt werde, würde er sich unverzüglich bei der Fertighausfirma melden.
Die Jahre verstreichen. Nach 2 Jahren erkundigt sich die Hausbaufirma nach dem Ergebnis. Dieser lehnt jeglichen Kommentar ab und verweist auf die Rechtsprechung nach dem Motto: „Nachdem ich kein Baugrundstück gefunden habe, kann ich auch nicht zum Bauen gezwungen werden." Die Fertighausfirma recherchiert weiter und stellt fest, daß Unschlüssig bereits seit 2 Jahren in einem Konkurrenzhaus wohnt. Er hat dies bevorzugt, da ihm diese Firma auch den Bauplatz mitverkauft hat. Mangels Erklärungsbewußtsein sei kein endgültiger Vertrag zustande gekommen, außerdem sei der Vertrag verjährt.

Zu Recht?

Antwort:
In der 1. Instanz vor dem LG Berlin wird Unschlüssig darüber aufgeklärt, daß der Vertrag rechtswirksam zustandegekommen ist und er sich auf keinen Erklärungsirrtum berufen könne. Er hätte erkennen müssen, daß seine Erklärung als Willenserklärung aufgefaßt wurde, zumal das Schriftstück eindeutig mit „Werkvertrag" überschrieben war und keinerlei Klausel für die Vorläufigkeit, sondern auch Einzelheiten zur Zahlung enthalten sei. Die Richter führten weiter aus: „Der Vertrag ist jedoch gem. §125 BGB nichtig; denn er verstößt gegen die Formvorschrift des §313 BGB. Danach bedarf ein Vertrag der notariellen Form, wenn sich durch ihn eine Partei verpflichtet, das Eigentum an einem Grundstück zu erwerben." Das Gericht meint weiter, es sei zwar nicht ausdrücklich vereinbart, daß die Parteien ein Grundstück erwerben sollen, doch sei ein Geschäft formbedürftig, wenn wirtschaftliche Nachteile für den Fall vereinbart sind, daß ein Grundstückserwerb nicht stattfindet. Dementsprechend würde der Gundstückserwerb den Vertrag gem. §313 Abs. 2 BGB nicht wirksam werden lassen. Die Klage wurde in 1. Instanz abgewiesen. Das Kammergericht hat in der 2. Instanz das Urteil aufgehoben und den Vertrag nicht für formbedürftig erachtet. Herr Unschlüssig wurde zur Zahlung der vollen Klagesumme verurteilt.

Merke:
Ist bei Vertragsabschluß noch kein konkretes Grundstück vorhanden und soll dieses mit dem Hauskauf stehen und fallen, so unterliegt der Vertrag auch keiner Beurkundungspflicht.

Angesprochene Rechtsquellen:

§§ 313, 649 BGB
Stichwort: Beurkundungspflicht, Grundstück
Urteil: KG Berlin vom 18.04.1995 (21 U 511/95)

Fall B 46 (-)

Besteht ein Schadenersatzanspruch wegen Mehraufwendungen gegenüber der Bauaufsichtsbehörde, wenn diese eine Baugenehmigung erteilt, obwohl die Erschließung mangelhaft ist?

Egon Einsiedler erwirbt einen alten Bauernhof, der weit weg von jeglicher Zivilisation liegt. Die vorgesehenen Renovierungsarbeiten werden baugenehmigungspflichtig. Deshalb reicht er einen Bauantrag ein, der ihm auch positiv beschieden wird. Wie er jedoch feststellen muß, ist der ursprüngliche Trinkwasseranschluß ungeeignet und muß erneuert werden. Einsiedler ist nun der Ansicht, daß es Amtspflicht der Bauaufsichtsbehörde gewesen wäre, die Baugenehmigung für ein Wohnhaus nur dann zu erteilen, wenn die Erschließung gesichert ist. Dazu gehört seiner Meinung nach die ausreichende Trinkwasserversorgung. Einsiedler meint, diese Amtspflicht hat den Schutzzweck, den Bauherrn vor Mehraufwendungen zu bewahren, die durch die spätere Sanierung eines ursprünglich ungeeigneten Trinkwasseranschlusses verursacht werden.

Zu Recht?

Antwort:
Zwar besteht eine Amtspflicht der Bauaufsichtsbehörde, die Baugenehmigung für ein Wohnhaus nur dann zu erteilen, wenn eine ausreichende Trinkwasserversorgung gesichert ist, diese Amtspflicht hat jedoch nicht den Schutzzweck, den Bauherrn vor entsprechenden Mehraufwendungen zu bewahren. Das bedeutet hier, Einsiedler kann keinen Schadenersatz von der Bauaufsichtsbehörde auf Grund einer Amtspflichtverletzung geltend machen.

Merke:
Die Amtspflicht der Bauaufsichtsbehörde, die Baugenehmigung für ein Wohnhaus nur dann zu erteilen, wenn eine ausreichende Trinkwasserversorgung gesichert ist, hat nicht den Schutzzweck, den Bauherrn vor (vermeidbaren) Mehraufwendungen zu bewahren, die durch die spätere Sanierung eines ursprünglich ungeeigneten Trinkwasseranschlusses verursacht werden.

Angesprochene Rechtsquellen:

§ 839 BGB
Stichwort: Amtspflichtverletzung, Trinkwasserversorgung als Voraussetzung für Baugenehmigung
Urteil: BGH vom 01.12.1994 (III ZR 33/94)

Fall B 47 (-)

In welcher Höhe kann der Bieter Schadenersatz vom Auftraggeber verlangen, wenn dieser die Ausschreibung aufhebt?

Eigenheim will bauen. Es sind bereits die nötigen Ausschreibungen erfolgt. Nach dem Eingang der ersten Angebote muß er feststellen, daß seine Finanzierungsmittel nicht ausreichen. Aus diesem Grund hebt er die Ausschreibung nach §26 Nr. 1 VOB/A aus schwerwiegenden Gründen auf. Unter den Bietern war auch Waldemar. Dieser hätte den Auftrag erhalten müssen. Wie er davon erfahren hat, kann man nicht mehr nachvollziehen. Fest steht, daß er nun Schadenersatz von Eigenheim verlangt, da ihm ein gutes Geschäft durch die Lappen gegangen ist.

Kann Waldemar tatsächlich Schadenersatz verlangen und wenn ja, in welcher Höhe?

Antwort:
Eigenheim hat sich hier tatsächlich schadenersatzpflichtig gemacht. Da Eigenheim bei genauer Prüfung seiner Finanzierung hätte merken müssen, daß seine Mittel nicht ausreichen, handelte er schuldhaft und hat somit einen Schadenersatzanspruch des Waldemar ausgelöst.
Was kann nun Waldemar verlangen?
Nach einer Entscheidung des OLG Karlsruhe kann Waldemar verlangen, so gestellt zu werden, wie er stehen würde, wenn ordnungsgemäß verfahren worden wäre. Das heißt, er ist so zu stellen, als hätte er diesen Auftrag bekommen und einen entsprechenden Gewinn gemacht.

Merke:
Hebt der Auftraggeber die Ausschreibung nach §26 Nr. 1 VOB/A auf, da die Finanzierungsmittel nicht reichen, kann der Bieter, der ohne die Aufhebung den Auftrag hätte erhalten müssen, bei einem Verschulden des Auftraggebers das Erfüllungsinteresse als Schadenersatz geltend machen.

Angesprochene Rechtsquellen:

§ 26 VOB/A
Stichwort: Ausschreibung, Aufhebung wegen fehlender Finanzierungsmittel
Urteil: OLG Karlsruhe vom 05.11.1992 (4 U 24/92)

Fall B 48 (-)

Kann ein Bauvertrag noch nach Fertigstellung eines Bauwerks gekündigt werden, wenn noch Mängel zu beseitigen sind und das Aufräumen der Baustelle vorzunehmen ist?

Bauherr Eigenheim hat mit Bauunternehmer Geldmacher einen Bauvertrag geschlossen. Nach Fertigstellung des Bauwerkes kündigte Eigenheim jedoch den Bauvertrag, da erhebliche Mängel auftraten und Geldmacher auch das Aufräumen der Baustelle, trotz mehrmaliger Mahnung, unterließ. Geldmacher meinte, eine Kündigung sei nach Fertigstellung nicht mehr möglich und Eigenheim hätte doch die Bauleistung abzunehmen. Dies wurde von Seiten des Eigenheims wiederum verweigert. Ferner meinte Eigenheim, er werde die Mängel von einem anderen Unternehmer auf Kosten des Geldmacher beseitigen lassen. Dieser meinte, Eigenheim könne dies schon tun, allerdings werde er die Kosten hierfür nicht übernehmen.

Wer wird die Kosten tragen, wenn Eigenheim einen anderen Bauunternehmer beauftragt?

Antwort:
Eine Kündigung ist dann nicht mehr möglich, wenn das Bauwerk bereits fertiggestellt ist nur noch Mängel zu beseitigen sind und das Aufräumen der Baustelle vorzunehmen ist. Der Schaden, der Eigenheim aufgrund der Mängel entsteht, z.B. Beseitigungskosten durch einen anderen Unternehmer, hätte Geldmacher zu übernehmen. Dies gilt jedoch dann nicht, wenn Eigenheim die Abnahme der Bauleistung endgültig und ernsthaft verweigert. Genau dies hat Eigenheim hier getan. Somit hat Eigenheim zunächst einmal keinen Schadenersatzanspruch gegen Geldmacher. Seinen Schadenersatzanspruch könnte Eigenheim gegen Geldmacher nur dann wieder aufleben lassen, in dem er Geldmacher schriftlich auffordert, die Mängel zu beseitigen. Gerade dies hat er hier jedoch nicht getan.

Merke:

Ist ein Bauwerk bereits fertig gestellt, so kommt eine Kündigung des Bauvertrages nicht mehr in Betracht.
Ansprüche aus §4 Nr. 7 Satz 2 VOB/B entfallen, wenn der Auftraggeber die Abnahme der Bauleistung endgültig und ernsthaft verweigert hat. Mängelansprüche beurteilen sich dann nach §13 Nr. 5 bis 7 VOB/B.
Der Unternehmer schuldet grundsätzlich das Aufräumen der Baustelle.

Angesprochene Rechtsquellen:

---

§§4 Nr. 7, 8 Nr. 3, 13 Nr. 5 bis 7 VOB/B
Stichwort: Baustellenaufräumkosten - Mängel, Restarbeiten, Positive Vertragsverletzung
Urteil: OLG Celle vom 14.02.1995 (16 U 286/93)

Fall B 49 (-)

Muß ein Bauherr, nachdem er sich nach Fristablauf auf Verhandlungen über die Mängelbeseitigung eingelassen hat und diese gescheitert sind, erneut eine Frist setzen?

Bauherr Eigenheim hat mit Bau-Fix einen Bauvertrag geschlossen. Nachdem Eigenheim in der Bauausführung einige Mängel entdeckte, setzt er Baufix eine angemessene Frist zur Mängelbeseitigung. Nach Ablauf dieser First läßt sich Eigenheim jedoch auf Einigungsgespräche mit Bau-Fix ein, die jedoch zu keiner Lösung führen. Er verlangt deshalb Minderung des Kaufpreises gemäß §634 1 Satz 2 BGB. Bau-Fix meint jedoch, Eigenheim müsse ihm erneut eine Frist zur Mängelbeseitigung setzen.

Kann Eigenheim mindern oder muß er zunächst eine erneute Frist setzen?

Antwort:
Eigenheim muß tatsächlich eine erneute Frist setzen. Dadurch, daß er sich auf Verhandlungen über die Mängelbeseitigung eingelassen hat, wird ein vorangegangener Fristablauf wirkungslos. Das bedeutet im vorliegenden Fall, daß Eigenheim nicht mindern kann.

Merke:
Hat der Bauherr dem Unternehmer eine Frist zur Mängelbeseitigung gesetzt und läßt er sich nach ergebnislosem Ablauf dieser Frist auf Einigungsgespräche mit dem Unternehmer ein, ohne daß die Parteien eine Lösung finden, muß der Bauherr grundsätzlich nochmals eine Frist mit Ablehnungsandrohung setzen, bevor er Gewährleistungsansprüche geltend macht.

Angesprochene Rechtsquellen:

§634 BGB Stichwort: Fristsetzung - Ablehnungsandrohung, Entbehrlichkeit Urteil: OLG Düsseldorf vom 16.03.1995 (5 U 72/94)

Fall B 50 (-)

Ist es erforderlich, daß Auftragnehmer und Auftraggeber die notwendigen Feststellungen für die Abrechnung gemäß §14 Nr. 2 Satz 1 VOB/B gemeinsam treffen?

Bauherr Eigenheim ließ sich von Bauunternehmer Bau-Fix einen Neubau errichten. Als Bau-Fix seine Schlußrechnung präsentiert, bemängelt Eigenheim, daß die für die Abrechnung notwendigen Feststellungen entsprechend dem Fortgang der Leistung nicht gemeinsam vorgenommen wurden. Eigenheim räumt jedoch ein, daß beim Fortgang der Arbeiten beide Seiten von übereinstimmenden Feststellungen ausgegangen seien. Gemäß §14 Nr. 2 VOB/B hätten diese Feststellungen jedoch gemeinsam vorgenommen werden müssen.

Ist diese Auffassung richtig?

Antwort:
Die Auffassung von Eigenheim ist nicht richtig. Es genügt, daß Auftragnehmer und Auftraggeber bei Fortgang der Arbeiten von übereinstimmenden Feststellungen ausgehen. Nicht erforderlich ist, daß die notwendigen Feststellungen gemeinsam vorgenommen werden. In §14 Nr. 2 VOB/B heißt es dann auch nur, daß die notwendigen Feststellungen „möglichst" gemeinsam vorzunehmen sind.

Merke:
Im Rahmen des §14 Nr. 2 Satz 1 VOB/B ist es nicht erforderlich, daß Auftragnehmer und Auftraggeber zusammen die notwendigen Feststellungen für die Abrechnung vornehmen. Entscheidend dafür ist lediglich, daß Auftragnehmer und Auftraggeber bei Fortgang der Arbeiten von übereinstimmenden Feststellungen ausgehen.

Angesprochene Rechtsquellen:

§ 14 VOB/B
Stichwort: Gemeinsames Aufmaß - Voraussetzungen
Urteil: OLG Düsseldorf vom 14.04.1994 (5 U 139/93)

Fall B 51 (-)

Muß das Gericht die Einbeziehung der VOB/B in einen Bauvertrag von Amts wegen berücksichtigen, wenn es davon nur per Zufall Kenntnis erlangt hat?

Eigenheim hat sich von Bauunternehmer Bau-Fix ein Haus errichten lassen. Sie hatten einen VOB-Bauvertrag geschlossen. Eigenheim nimmt das Haus auch ab und so stellt Bau-Fix seine Schlußrechnung. Eigenheim muß feststellen, daß das errichtete Werk, auch wenn es keine Gebrauchsbeeinträchtigung erfahren hat, nicht den anerkannten Regeln der Technik entspricht. Deshalb verlangt er Beseitigung dieses Mangels. Bau-Fix weigert sich, sodaß sich die Parteien vor Gericht wieder treffen. Zur Überraschung von Eigenheim bekommt Bau-Fix Recht. Er fragt sich nun, ob er etwas falsch gemacht hat.

Antwort:
Eigenheim hat hier tatsächlich einen großen Fehler begangen. Er hätte in der Verhandlung vortragen müssen, daß dem Bauvertrag die VOB/B zugrunde liegt. Der Unterschied der VOB/B-Gewährleistung zur normalen werksvertraglichen Gewährleistung aus dem §633 ff BGB besteht nämlich darin, daß der Unternehmer gemäß §13 Nr. 1 VOB/B die Gewähr übernimmt, daß das Werk den anerkannten Regeln der Technik entsprechend errichtet wird. Es stellt sich nun die Frage, ob das Gericht dies hätte berücksichtigen müssen, insbesondere, da es in anderem Zusammenhang Kenntnis vom Zugrundeliegen der VOB/B erfahren hat. Wie jedoch das OLG Stuttgart festgestellt hat, mußte das Gericht dies nicht berücksichtigen. Im Zivilprozeß gilt der Grundsatz, daß die Parteien alles Wesentliche vorzutragen haben, damit es berücksichtigt werden kann. Dies hat Eigenheim nicht getan. Er hätte die Geltung der VOB vortragen müssen. Eine Ermittlungspflicht besteht für das Gericht nicht.

Merke:

Unterläßt der Bauherr, einen an sich unverzichtbaren Prozeßvortrag, in diesem Fall ob dem Bauvertrag die VOB/B zugrunde liegt, dann ist vom Gericht von einem BGB-Bauvertrag auszugehen. Dies gilt selbst dann, wenn sich im Berufungsverfahren, aus in anderem Zusammenhang vorgelegten Vertragsunterlagen, Hinweise auf die VOB/B ergeben.

Angesprochene Rechtsquellen:

§§ 633, 634 BGB
Stichwort: Gewährleistungsanspruch - Nachbesserung oder Minderung
Urteil: OLG Stuttgart vom 23.03.1994 (9 U 275/93)

Fall B 52 (-)

Wann ist ein Widerrufsrecht nach dem Haustürwiderrufsgesetz ausgeschlossen?

Eigenheim hatte sich von dem Baustofflieferanten Bringviel mehrere Angebote über die Sanitärinstallation kommen lassen. Darauf hin hat Bringviel ein schriftliches Angebot abgegeben und nach mehreren Telefongesprächen wurde ein Hausbesuch eines Vertreters des Bringviel vereinbart. Bei diesem Besuch wurde dann auch ein Vertrag abgeschlossen. Nun fühlt sich Eigenheim über den Tisch gezogen und fragt sich, ob er von diesem Vertrag zurücktreten kann. Er meint, es müsse ihm ein Widerrufsrecht nach dem Haustürwiderrufsgesetz zustehen.

Hat er Recht?

Antwort:
Eigenheim hat hier Unrecht. Sein Widerrufsrecht nach §1 Haustürwiderrufsgesetz besteht nicht mehr. Nach §1 Abs. 2 Nr. 1 Haustürwiderrufsgesetz besteht ein Widerrufsrecht nämlich dann nicht mehr, wenn die mündlichen Verhandlungen, auf denen der Abschluß des Vertrages beruht, auf vorhergehende Bestellung des Kunden geführt worden sind. Genau das ist hier der Fall. Zumal Bringviel hier noch vor den Verhandlungen ein schriftliches Angebot abgegeben hat und sich Eigenheim somit ein genaues Bild über die Angebotssituation verschaffen konnte.

Merke:
Bei Haustürgeschäften ist ein Widerrufsrecht dann ausgeschlossen, wenn die Verhandlungen über den Vertragsabschluß auf vorhergehende Bestellung durch den Kunden beruht.

Angesprochene Rechtsquellen:

§ 1 Haustürwiderrufsgesetz
Stichwort: Haustürwiderrufsgesetz - Hausbesuch nach Verhandlung
Urteil: BGH vom 29.09.1994 (VII ZR 241/93)

Fall B 53 (-)

Berechtigt eine ungerechtfertigte außerordentliche Kündigung zur Kündigung des anderen?

Die Reinigungsfirma Glanz & Co. wurde von Herrn Gierig beauftragt, Reinigungsarbeiten in dessen Mehrfamilienhäusern auszuführen. Nach einiger Zeit monierte Gierig immer öfter irgendwelche Mängel. Diese Mängel konnte die Firma Glanz & Co. jedoch nicht bestätigen. Als die Firma Glanz & Co. eine vereinbarte Entgelterhöhung durchsetzen wollte, kündigt Gierig den Vertrag außerordentlich. Damit will sich die Firma Glanz & Co. nicht abfinden. Insbesondere fürchtet sie Schadenersatzansprüche des Gierig, die diesem zustehen könnten, wenn die fristlose Kündigung berechtigt wäre. Da die Firma Glanz & Co. davon überzeugt ist, daß diese Kündigung unberechtigt ist und das Vertrauensverhältnis zwischen den Parteien erschüttert sei, kündigt sie selber außerordentlich mit der Begründung, daß die Kündigung des Gierig unberechtigt war.

Welche Kündigung ist wirksam?

Antwort:
Die Beantwortung dieser Frage hat vor allem Bedeutung dahingehend, ob sich eine Partei bzw. welche Partei sich schadenersatzpflichtig gemacht hat. Hat nämlich eine Partei durch vertragswidriges Verhalten Anlaß zur Kündigung gegeben, so ist möglicherweise ein Schadenersatzspruch entstanden. Im vorliegenden Fall ist jedoch die Kündigung des Gierig unberechtigt, wenn die Firma Glanz & Co. die Mangelfreiheit ihrer Arbeiten nachweisen kann.

Vorliegend kann eine fristlose Kündigung nicht darauf gestützt werden, daß die Firma Glanz & Co. eine vertraglich vereinbarte Entgelterhöhung durchsetzen wollte, da ihr ein Grund für diese außerordentliche Kündigung nicht nachgewiesen werden kann. Diese unberechtigte fristlose Kündigung berechtigt jedoch die andere Seite, die Firma Glanz & Co., ihrerseits zur fristlosen Kündigung.

Merke:
Nach ständiger Rechtsprechung des BGH berechtigt eine nicht gerechtfertigte fristlose Kündigung den Gekündigten in der Regel, seinerseits außerordentlich zu kündigen.

Angesprochene Rechtsquellen:

§ 649 BGB
Stichwort: Kündigungsgrund - Unberechtigte Kündigung der Gegenseite
Urteil: BGH vom 01.12.1993 (VII ZR 129/92)

Fall B 54 (-)

Wann liegt ein wichtiger Grund zur Kündigung außerhalb der VOB/B vor?

Eigenheim hatte mit Unternehmer Röhrich einen VOB-Werkvertrag abgeschlossen. Diesem lag ein bestimmtes Angebot des Röhrich zugrunde. Während der Ausführungen muß Röhrich jedoch feststellen, daß er Bedenken gegen die vom Auftraggeber vorgesehene Art der Ausführung hat und erachtet den Einbau einer zusätzlichen technischen Einrichtung für notwendig. Dafür reicht er ein Nachtragsangebot ein. Gleichzeitig erklärt er, daß er Gewährleistungsansprüche ohne den Einbau dieser Vorrichtung ablehnen werde. Daraufhin kündigt Eigenheim den Vertrag. Röhrich will sich damit nicht abfinden und wehrt sich gegen diese Kündigung.

Wird Röhrich Erfolg haben?

Antwort:
Nach der Rechtsprechung des BGH liegt ein nicht normierter Grund zur Kündigung eines Werkvertrages dann vor, wenn der Auftragnehmer eine Hauptleistungspflicht oder eine mit dieser zusammenhängenden Nebenpflicht in schuldhafter Weise verletzt. Für die Beurteilung des Kündigungsgrundes maßgebend ist dabei nicht der subjektive Vertrauensverlust des Auftraggebers. Vielmehr ist darauf abzustellen, ob dem Auftraggeber aus der Sicht eines objekiven Dritten bei verständiger Würdigung der Umstände des Falles eine Fortsetzung des Vertragsverhältnisse zum Zeitpunkt der Kündigung nicht mehr zumutbar war. Vorliegend sind diese Voraussetzungen jedoch nicht erfüllt. Erachtet der Unternehmer den Einbau einer zusätzlichen technischen Vorrichtung als erforderlich, so tritt ein Vertrauensverlust nicht schon deshalb ein, weil der Unternehmer Gewährleistungsansprüche ohne den Einbau dieser Vorrichtung ablehnt.

Merke:
Ob ein gesetzlich nicht normierter Grund zur außerordentlichen Kündigung vorliegt, richtet sich danach, ob der Auftragnehmer eine Hauptleistungspflicht ohne eine mit dieser zusammenhängenden Nebenpflicht schuldhaft verletzt hat. Bei der Beurteilung dieser Frage ist darauf abzustellen, ob dem Auftraggeber aus der Sicht eines objektiven Dritten bei verständiger Würdigung der Umstände des Falles eine Fortsetzung des Vertragsverhältnisses zum Zeitpunkt der Kündigung zumutbar war.

Angesprochene Rechtsquellen:

§ 8 Nr. 1, 8 Nr. 3 VOB/B
Stichwort: Kündigungsvoraussetz.,- Bedenkenanmeldung, Nachtragsangebote
Urteil: OLG Düsseldorf vom 29.07.1994 (23 U 251/93)

Fall B 55 (-)

Wann können die Kosten für ein Privatgutachten ersetzt verlangt werden?

Bauherr Eigenheim hat mit Bauunternehmer Baufix einen Streit über die Mangelhaftigkeit eines hergestellten Werkes. Baufix hat, um die Mangelfreiheit des Werkes beweisen zu können, ein Privatgutachten erstellen lassen. Auch aufgrund des Privatgutachtens gewinnt Baufix den Prozeß.

Baufix möchte nun wissen, ob er die Kosten für dieses Privatgutachten von Eigenheim verlangen kann.

Antwort:
In der Tat wird Baufix hier die Kosten für das Privatgutachten von Eigenheim verlangen können. Entscheidend dafür ist jedoch, daß Baufix auf die Hinzuziehung des Sachverständigen angewiesen war, um seiner Darlegungslast genügen zu können. Grundsätzlich hat der Unternehmer die Mangelfreiheit zu beweisen. Vorliegend konnte Baufix seiner Darlegungslast nur dadurch genügen, daß er einen Sachverständigen hinzuzog. Da dieses Privatgutachten auch Einfluß auf den Rechtsstreit genommen hat, sind die Kosten deshalb von Eigenheim zu ersetzen.

Merke:
Die Kosten eines prozeßbegleitenden Privatgutachtens sind grundsätzlich nur dann erstattungsfähig, wenn die Partei auf die Hinzuziehung des Sachverständigen angewiesen ist, um ihrer Darlegungslast zu genügen oder Beweisangriffe abwehren zu können, und wenn das Privatgutachten Einfluß auf den Rechtsstreit genommen hat.

Angesprochene Rechtsquellen:

§ 91 ZPO
Stichwort: Privatgutachten, Kostenerstattungspflicht
Urteil: OLG Düsseldorf Beschluß vom 19. 10. 1993 (22 W 37/93)

Fall B 56 (-)

Muß der Grundstückseigentümer das Eindringen von Ungeziefer, das den Baum eines Nachbarn befallen hat, dulden?

Eigenheim ist glücklicher Besitzer eines kleinen Häuschens. Eines Tages muß er feststellen, daß das Ungeziefer in seinem Keller das normale Maß um ein Weites überschritten hat. Wie er feststellt, ist dies darauf zurückzuführen, daß ein Baum auf dem Nachbargrundstück gerade von diesen kleinen Insekten befallen wurde. Er wendet sich deshalb an der Nachbarn und verlangt von diesem die Beseitigung dieser Störung.

Zu Recht?

Antwort:
Ein Grundstückseigentümer hat grundsätzlich keinen Abwehranspruch gegen das Eindringen von Ungeziefer, das den Baum eines Nachbarn befallen hat.

Merke:
Es besteht kein Abwehranspruch gegen das Eindringen von Ungeziefer, das den Baum eines Nachbarn befallen hat.

Angesprochene Rechtsquellen:

§§ 906, 1004 BGB
Stichwort: Nachbarschutz, Ungezieferbefall
Urteil: BGH vom 07.07.1995 (V ZR 213/94)

Fall B 57 (-)

Kann der Bauherr auch dann Schadenersatz aufgrund eines Mangels verlangen, wenn er vor Fristablauf den Mangel selbst ausbessert?

Eigenheim hat sich von Bauunternehmer Baufix ein Eigenheim errichten lassen. Eigenheim mußte feststellen, daß noch einige Mängel zu beseitigen waren. Dazu setzte er Baufix auch eine angemessene Frist. Kurz vor Ablauf der Frist verlor er seine Geduld und besserte selber aus. Nun möchte Eigenheim die Kosten für diese Ausbesserung von Baufix ersetzt haben. Dieser verweigert jedoch mit der Begründung, daß er noch innerhalb der Frist ausgebessert hätte.

Kann Eigenheim die Kosten für die Mängelbeseitigung verlangen?

Antwort:
Eigenheim kann hier die Kosten nicht verlangen. Der Aufwendungsersatzanspruch steht Eigenheim nämlich nur dann zu, wenn er Baufix eine angemessene Frist zur Beseitigung des Mangels gesetzt hat. Bessert er dann vor Fristende selber nach, so kann er keine Erstattung der angefallenen Kosten verlangen. Sonst wäre eine Fristsetzung ohne Bedeutung.

Merke:
Bessert der Bauherr vor Fristablauf einen Mangel selber aus, so kann er die angefallenen Kosten nicht ersetzt verlangen.

Angesprochene Rechtsquellen:

§ 13 Nr. 5 VOB/B
Stichwort: Nachbesserungskosten, Eigennachbesserung vor Fristablauf
Urteil: OLG Köln vom 04.02.1994 (19 U 138/93)

Fall B 58 (-)

Darf die Änderung eines vereinbarten Preises für eine bestimmte Bedarfsposition bei Unterschreitung des Mengenansatzes beschränkt werden?

Die Firma Roh sollte für die Firma Immo den Rohbau der neuen Häuseranlage errichten. Dem Bauvertrag wurden die Allgemeinen Geschäftsbedingungen der Immo angefügt. Darin hieß es:
a) Die für Bedarfspositionen vereinbarten Preise gelten auch bei der Über- bzw. Unterschreitung des Mengensatzes bis 100%.
b) Beansprucht der Auftragnehmer wegen einer über 10% gehenden Überschreitung des Mengenansatzes einen höheren Preis, so muß er diesem dem Auftraggeber unverzüglich schriftlich ankündigen. Im übrigen wurde ein Einheitspreis vereinbart.
Tatsächlich kam es bei der Ausführung zu einer Mengenüberschreitung von 80%. Daß Roh hierfür einen höheren Preis beanspruchen wird, hat er nicht schriftlich angekündigt. Als Roh dies dann tatsächlich tut, verweigert Immo die Bezahlung unter Verweis auf seine AGB.

Zu Recht?

Antwort:
Die Firma Immo verweigert die Zahlung zu Unrecht. Sie hat nämlich übersehen, daß ihre AGB-Bestimmungen gemäß §9 AGB-Gesetz unwirksam sind. Der Grund hierfür liegt in einer unangemessenen Benachteiligung der Firma Roh, weil ihr ein höherer Preis bei Überschreitung des Mengenansatzes nur dann zugestanden wird, wenn dieser höhere Preis der Firma Immo unverzüglich schriftlich angekündigt worden wäre. Dies stellt nach Ansicht des OLG München eine unangemessene Benachteiligung dar. Deshalb sind die oben aufgeführten AGB´s unwirksam.

Merke:
Die Anpassung des Preises bei Überschreitung vereinbarter Mengenansätze kann nicht durch AGB davon abhängig gemacht werden, daß der Auftraggeber den höheren Preis unverzüglich schriftlich ankündigt.

Angesprochene Rechtsquellen:

§§ 2 Nr. 2, 2 Nr. 5, 2 Nr. 6 VOB/B; § 9 AGB-Gesetz
Stichwort: AGB-Klauseln, Ankündigungspflicht für Nachträge
Urteil: OLG München vom 16.11.1993 (9 U 3155/93)
Fundstelle: keine

Fall B 59 (-)

Kann für eine nicht fällige Forderung eine Vormerkung betreffend einer Bauhandwerker-Sicherungshypothek beantragt werden?

Elisa D. möchte sich einen neuen Blumenladen bauen. Dazu beauftragt sie den Bauunternehmer Higgins. Für Sicherung seiner Forderungen aus dem Bauvertrag möchte Higgins eine Vormerkung betreffend einer Bauhandwerker-Sicherungshypothek beantragen. Elisa meint jedoch, das ginge nicht so einfach, vor allen Dingen müsse die Forderung fällig sein. Fällig kann die Forderung jedoch nur dann sein, wenn sie die Werkleistung abgenommen hat. Somit könne Higgins keine Vormerkung auf die Bauhandwerker-Sicherungshypothek beantragen.

Zu Recht?

Antwort:
Die Fälligkeit ist keine Voraussetzung dafür, daß für eine Forderung eine Vormerkung betreffend einer Bauhandwerker-Sicherungshypothek beantragt werden kann. Wäre die Fälligkeit Voraussetzung, so würde die Bauhandwerker-Sicherungshypothek zum großen Teil leerlaufen, da derjenige, zu Lasten diese eingetragen werden soll, den Fälligkeitszeitpunkt der Forderung zum Großen Teil in der Hand hat. Dies kann nicht sein. Schließlich ist der Unternehmer zu schützen.

Merke:
Auch für eine nicht fällige Forderung kann eine Vormerkung betreffend einer Bauhandwerker-Sicherungshypothek beantragt werden.

Angesprochene Rechtsquellen:

§ 648 BGB; § 640 BGB
Stichwort: Bauhandwerker-Sicherungshypothek, Abnahme
Urteil: OLG Koblenz vom 29.07.1993 (5 U 921/93)
Fundstelle: NJWRR 1994, 786

Fall B 60 (-)

Wann haftet der Geschäftsführer einer Bauträger-GmbH persönlich für die Werklohnschuld der Gesellschaft?

Franz Adam möchte für sich und seine Familie ein Eigenheim errichten. Er schließt einen Bauvertrag mit der Formbau-Bauträger GmbH. Diese beauftragt die Nullinger GbR mit der Ausführung der Architektenleistungen. Der Architekt Nullinger ist gleichzeitig auch der Geschäftsführer der Formbau-GmbH. Nullinger erbringt seine Architektenleistungen. Zur Sicherung seiner Forderungen, die ihm gegen die Formbau-GmbH zustehen (aus Architektenvertrag), läßt er sich die Forderungen der Bauträger-GmbH gegen Adam (aus Bauvertrag) abtreten. Die Formbau-GmbH hat den Bauunternehmer Bauer mit der Errichtung des Eigenheimes des Adam beauftragt. Nach Fertigstellung stellt der Bauunternehmer Bauer seine Schlußrechnung gegen die Formbau-GmbH. Er muß jedoch feststellen, daß diese inzwischen Konkurs ist. Bauer möchte nun gegen den Architekten Nullinger als Geschäftsführer der GmbH vorgehen. Bauer meint, durch die Abtretung der Forderungen durch die GmbH an Nullinger sei der GmbH rechtswidrigerweise Geld entzogen worden. Dies sei insbesondere deshalb rechtswidrig gewesen, da Nullinger gleichzeitig Geschäftsführer der GmbH war und der Architekt in der GbR.

Liegt eine persönliche Haftung des Geschäftsführers vor?

Antwort:
Im vorliegenden Fall ist eine Haftung des Nullingers nicht gegeben. Ein zur persönlichen Haftung führendes wirtschaftlichen Interesses des Geschäftsführers liegt nur dann vor, wenn er bei Abschluß des Vertrages die Absicht hat, die vom Vertragspartner zu erbringende Leistung nicht ordnungsgemäß an die vertretende Gesellschaft weiterzuleiten, sondern sie zum eigenen Nutzen von ihm selbst bestimmten Zwecken zuzuführen. Ein Interesse zur Sicherung eigener Forderungen, die tatsächlich bestehen, stellt kein derartiges wirtschaftliches Interesse dar, daß zu einer persönlichen Haftung des Geschäftsführers führen würde. Etwas anderes könnte vielleicht dann angenommen werden, wenn die GmbH gerade in Folge der Abtretung nahezu vermögenslos geworden wäre. Dies ist hier jedoch nicht der Fall, so daß Nullinger nicht persönlich als Geschäftsführer der GmbH in Haftung genommen werden kann.

Merke:
Der Geschäftsführer einer Bauträger-GmbH haftet nicht deswegen persönlich für die Werklohnschuld der Gesellschaft, weil der Forderungen, die diese aus demselben Bauvorhaben gegen den Bauherren zustehen, an sich selbst zur Sicherung des Werklohnanspruches abgetreten hat, den er aus Architektenleistungen für das Bauvorhaben gegen die GmbH hat.

Angesprochene Rechtsquellen:

§ 631 BGB
Stichwort: Bauträgerhaftung, Geschäftsführer-Haftung
Urteil: BGH vom 27.03.1995 (II ZR 136/94)
Fundstelle: Baurecht 1995, 565

Fall B 61 (-)

Wer hat die Fälligkeit von Abschlagszahlungen zu beweisen, wenn der Auftraggeber seinen Darlehens-Auszahlungsanspruch gegen eine Bank an den Bauträger abtritt?

Ronald hatte die Formbau-GmbH mit der Errichtung eines Einfamilienhauses beauftragt. Ronald trat als Privatmann auf. Es wird vereinbart, daß zur Begleichung von Abschlagszahlungen der gegenüber einer Bank bestehende Anspruch auf Auszahlung eines Darlehens an die Formbau-GmbH abgetreten wird. In der Folge fordert die Formbau-GmbH Zahlungen von der Bank an. Ronald wendet jedoch regelmäßig die mangelnde Fälligkeit der Abschlagszahlungen ein. Daraufhin zahlt die Bank nicht aus. Die Formbau-GmbH will sich das nicht gefallen lassen und beantragt eine einstweilige Unterlassungsverfügung. Ronald meint, für den Erlaß dieser einstweiligen Unterlassungsverfügung ist es notwendig, daß die Formbau-GmbH die Fälligkeit ihrer Ansprüche beweist.

Antwort:
Ronald hat hier nicht Recht. In diesem speziellen Fall trifft ihn die Darlegungslast. Ronald müßte also in vorliegendem Fall beweisen, daß die Forderungen der Formbau-GmbH noch nicht fällig sind. Dies hat er darzulegen und glaubhaft zu machen. Kann er das nicht tun, so wird das Gericht die einstweilige Verfügung wohl erlassen.

Merke:
Hat der Auftraggeber dem Bauträger bei einer Abrede betreffend Abschlagszahlungen seinen gegenüber einer Bank bestehenden Anspruch auf Auszahlung eines Darlehens abgetreten und wendet er danach gegenüber einzelnen Zahlungsanforderungen des Bauträgers an die Bank mangelnde Fälligkeit der Abschlagszahlungen ein, so trifft ihn in einem Verfahren auf Erlaß einer auf Unterlassung gerichteten einstweiligen Verfügung die Last der Darlegung und Glaubhaftmachung.

Angesprochene Rechtsquellen:

§ 320 BGB; §§ 294, 920, 936 ZPO
Stichwort: Einstweilige Unterlassungsverfügung, Fälligkeitsnachweis
Urteil: OLG Düsseldorf vom 27.06.1995 (23 U 77/95)
Fundstelle: IBR 1995, 512

Fall B 62 (-)

Welche Wirkung hat es, wenn sich der Auftraggeber nach Ablauf einer gesetzten Mängelbeseitigungsfrist auf Einigungsgespräche mit dem Unternehmer einläßt?

Ronald ließ sich vom Bauunternehmer Daniel ein Einfamilienhaus errichten. Ronald mußte jedoch einige Mängel an dem Einfamilienhaus feststellen. Er setzte deshalb Daniel eine angemessene Frist zur Mängelbeseitigung. Die Frist lief ergebnislos ab. Daraufhin rief Ronald Daniel an, um ihm mitzuteilen, daß er die Mängel nun selbst beseitigen werde und von Daniel Schadensersatz verlangen werde. Doch es kam anders. Statt Daniel diese Folgen anzukündigen, vereinbarten die beiden ein Einigungsgespräch. Ronald meinte, darauf könne er sich einlassen, da, sollten die Gespräche ergebnislos verlaufen, er immer noch die Mängel beseitigen lassen könnte. So kam es auch. Die Gespräche verliefen erfolglos. Daraufhin wollte Ronald einen anderen Unternehmer mit der Mängelbeseitigung beauftragen. Daniel meinte dazu nur, dies könne Ronald schon tun, allerdings würde er die Mängelbeseitigung durch einen Drittunternehmer nicht bezahlen. Seiner Meinung nach ist es nämlich erforderlich, daß ihm eine neue Mängelbeseitigungsfrist gesetzt wird.

Zu Recht?

Antwort:
Daniel hat hier tatsächlich Recht. Einigungsgespräche zwischen den Parteien haben grundsätzlich die Folge, daß eine bereits abgelaufene Mängelbeseitigungsfrist als unbeachtlich angesehen werden muß. Das bedeutet, Ronald muß Daniel tatsächlich nochmals eine Mängelbeseitigungsfrist setzen und auf deren Ablauf warten, bis er entsprechende Maßnahmen treffen kann.

Merke:
Hat der Bauherr dem Unternehmer eine Frist zur Mängelbeseitigung gesetzt und läßt er sich nach ergebnislosem Auflauf dieser Frist auf Einigungsgespräche mit dem Unternehmer ein, ohne daß die Parteien eine Lösung finden, muß der Bauherr grundsätzlich nochmals eine Frist mit Ablehnungsandrohung setzen, bevor er Gewährleistungsanprüche geltend macht.

Angesprochene Rechtsquellen:

§ 634 BGB
Stichwort: Fristsetzung, Ablehnungsandrohung Entbehrlichkeit
Urteil: OLG Düsseldorf vom 16.03.1995 (5 U 72/94)
Fundstelle: IBR 1995, 338

Fall B 63 (-)

Müssen die für Abrechnung notwendigen Feststellungen gemeinsam von Auftragnehmer und Auftraggeber getroffen werden?

Elisa läßt sich von Bauunternehmer Higgins einen Blumenladen errichten. Der Baumaßnahme war die VOB zugrunde gelegt. Eines Tages verweigert sie die Bezahlung einer von Higgins gestellten Zwischenrechnung. Sie hat sich nämlich in der VOB/B schlau gemacht. Dort heißt es in §14 Nr. 2 Satz 1, daß die für Abrechnung notwendigen Feststellungen gemeinsam getroffen werden sollen. Da dies jedoch nicht geschehen sei, sei die Rechnung wirkungslos.

Zu Recht?

Antwort:
Elisa hat hier nicht ganz recht. Schon aus dem Wortlaut des §14 Nr. 2 Satz 1 VOB/B ergibt sich, daß die notwendigen Feststellungen für die Abrechnung nicht unbedingt, sondern lediglich möglich gemeinsam getroffen werden sollen. Daraus entnimmt die Rechtsprechung, daß entscheidend für die Vornahme der notwendigen Feststellungen in diesem Sinn ist, daß der Auftragnehmer und der Auftraggeber bei Fortgang der Arbeiten von übereinstimmenden Feststellungen ausgehen. Geht also Elisa im vorliegenden Fall übereinstimmend mit Higgins von den gleichen Feststellungen aus, so ist an der Zwischenrechnung nichts zu kritisieren. Auf den geltend gemachten Einwand kann sie ihre Verweigerung jedenfalls nicht stützen.

Merke:
Im Rahmen den §14 Nr. 2 Satz 1 VOB/B ist es nicht erforderlich, daß Auftragnehmer und Auftraggeber zusammen die notwendigen Feststellungen für die Abrechnung vornehmen. Entscheidend für die Vornahme der notwendigen Feststellungen im Sinne des §14 Nr. 2 Satz 1 VOB/B ist, daß Auftragnehmer und Auftraggeber bei Fortgang der Arbeiten von übereinstimmenden Feststellungen ausgehen.

Angesprochene Rechtsquellen:

§ 14 VOB/B
Stichwort: Gemeinsames Aufmaß, Voraussetzungen
Urteil: OLG Düsseldorf vom 14.04.1994 (5 U 139/93)
Fundstelle: OLG REP 1994, 189

Baurechtsberater Bauherren

Indexverzeichnis

INDEXVERZEICHNIS

A

Abbruchrisiko
Bauen ohne Baugenehmigung 244
Ablehnungsandrohung
Fristsetzung, Entbehrlichkeit 322; 348
Abnahme
Abnahmefiktion in AGB 156
Bauhandwerker-Sicherungshypothek 342
Fälligkeit BGB-Werkvertrag 278
Fälligkeit, Zurückbehaltungsrecht 92
Voraussetzung, Beweislast für Vergütung 206
Abnahmefiktion
In AGB, Abnahme 156
Abnahmeverweigerung
Estrichhöhe fehlerhafte, bei Ausbauhaus 160
Abnahmevoraussetzungen
Beweislast für Vergütung 158
Abrechnung
Dachdeckungsarbeiten, Deckung von First und Graten 82
Abrechnungsunterlagen
Fälligkeit, prüffähige Schlußrechnung 282
Abschlagszahlung
Bauzeitüberschreitung, Rücktritt 2
Fertighaus, AGB-Klauseln 6
Abschlagszahlungen
Bauzeitüberschreitung, Rücktritt 42
Abtretung
Schlußzahlungseinrede, Vorbehaltserklärung 306
Abweichung von DIN
Mangelhafte Bauleistung, Solleistung 298
AGB-Gesetz
Festpreis, Erhöhung bei Bauverzögerung 98
Fristverlängerungsklausel, Fertighaushersteller, Fertigstellungstermin 96

INDEXVERZEICHNIS

AGB-Klauseln
Abschlagszahlungen 6
Ankündigungspflicht für Nachträge 340
Bindefrist 228
Entgangener Gewinn, Ausschluß 230
Fälligkeit vor Montage 102
Fensterhersteller, Vorleistungspflicht des Bestellers 4
Fertighaushersteller, Kündigungsfolgen 12
Gewährleistung nach VOB/B 8
Kündigungsausschluß 10
Kündigungsfolgen bei Fertighausvertrag 162
Kündigungsfolgen, Fertighaushersteller 12
Leistungsverweigerungsrecht 14
Mehrvergütung, Pauschalvertrag 232
Rügepflicht, Abnahme 164
Schadenpauschalierungsklausel 16
Teilkündigung, Vergütung 234
Zuschlagsfrist, Bindungsfrist 236

Amtshaftung
Baugenehmigung, Planungsfehler 32

Amtspflichtverletzung
Baugenehmigung rechtswidrig 166
Baugenehmigung verspätet, Behinderung 258
Trinkwasserversorgung als Voraussetzung die Baugenehmigung ... 316

Anerkannte Regeln der Technik
Mangelhafte Bauleistung 218

Angebotsbearbeitungskosten
Vergütungspflicht, Ausschreibungskosten 28

Angebotsverarbeitung
Vorarbeiten, Planungsleistungen, Ausschreibungskosten 30

Anhörung des Sachverständigen
Beweissicherungsverfahren 58

Ankündigungspflicht
Für Nachträge, AGB-Klauseln 340

Anrechenbare Kosten
Prüfbare Rechnung, Statikerhonorar 310

Anstricharbeiten
Bauhandwerkersicherungshypothek 246

INDEXVERZEICHNIS

Anwaltsgebühren
Selbständiges Beweisverfahren 204
Arbeitsraumverfüllung
Verdichtung, Prüfungs- und Hinweispflicht 200
Auflage im Bauschein
Auftragsumfang 238
Aufmaß
Voraussetzungen 350
Aufmaßprüfung
Privatgutachterkosten 132
Aufrechnung
Mangelanzeige in unverjährter Zeit 18
Aufrechnungsaufschluß
Verjährter Schadenersatzanspruch 20
Auftragsentziehung
Auftragserteilung an Drittunternehmer 22
Fertigstellungsfrist, Kündigungsandrohung 226
Auftragserteilung an Drittunternehmer
Auftragsentziehung 22
Auftragsklauseln
Mehr- und Mindermengen 40
Auftragsumfang
Auflage im Bauschein 238
Ausbauhaus
Abnahmeverweigerung, Estrichhöhe fehlerhaft 160
Ausgeführte Arbeiten
Stundenlohnzettel 152
Auskunftspflicht
Herausgabe von Unterlagen, Bauträger/Erwerbervertrag 240
Ausschluß
Entgangener Gewinn, AGB-Klauseln 230
Ausschlußklausel
Bauwesenversicherung 254
Ausschreibung
Aufhebung wegen fehlender Finanzierungsmittel 290; 318
Bindung an VOB/A 24
Ausschreibungskosten
Angebotsbearbeitungskosten, Vergütungspflicht 28
Vergütungspflicht 26

INDEXVERZEICHNIS

Vorarbeiten, Planungsleistungen, Angebotsverarbeitung 30
Außenanstrich Fenster
Prüfungs- und Hinweispflicht 134
Auszahlungsbürgschaft
Bürgschaft 270

B

Bankgarantie
Finanzierungsklausel 194
Baubetreuerhaftung
Wurzel in Abwasserleitungen, Mangelfolgeschaden 118
Baubetreuungsvertrag
Planungsleistungen, Kopplungsverbot 242
Baugenehmigung
Amtshaftung, Planungsfehler 32
Amtspflichtverletzung 166
Bauen ohne, Abbruchrisiko 244
Generalübernehmervertrag 104
Schadenersatzanspruch, Amtspflichtverletzung 258
Trinkwasserversorgung, Amtspflichtverletzung 316
Baugrundverhältnisse
Fertighaushersteller, Planungsfehler 286
Bauhandwerker-Sicherungshypothek
Abnahme 342
Anstricharbeiten 246
Eigentümer/Besteller/Identität 34
Glaubhaftmachung 248
Bauleitung durch Bauherrn
Betonmängel 56
Baumaterialien
Bestellung an der Baustelle durch Bauherrn, Haustürwiderrufsgesetz 180
Bausatzvertrag
Verbraucherkreditgesetz, Widerrufsrecht 168; 190
Baustellenaufräumkosten
Mängel, Restarbeiten, Positive Vertragsverletzung 320

INDEXVERZEICHNIS

Baustofflieferung
Folgenschäden bei Trockenmörtel, Positve Vertragsverletzung 170
Baustop durch Nachbarn
Schadenersatz, Behinderung, Stillstandskosten 260
Bauträger
Als WEG-Verwalter gegen Subunternehmer, Beweissicherungsverfahren 60
Erfüllungsgehilfe, Höhenfestpunkte 276
Erwerbervertrag, Herausgabe von Unterlagen, Auskunftspflicht 240
Geschäftsführer-Haftung 344
Haftung, Freistellungsklage 172
Bauträgervertrag
Grundstücksveräußerung und Bauwerkserrichtung 250
Konkursfolgen, Grundstücksübereignung 36
Kündigung aus wichtigem Grund 38
Notarielle Beurkundung von Änderungen, Vollmacht 174
Vorleistungsklausel 212
Bauunternehmer-Haftung
Planungsfehler, Mitverschulden Hauptunternehmer 252
Bauwerksarbeiten
Gewährleistungsfrist, Einbauküche 178
Bauwerkvertrag
Formmangel, Beurkundungserfordernis 288
Bauwesenversicherung
Ausschlußklausel und AGB 254
Diebstahl von Fenstern und Türen 188
Feuerversicherung, positive Vertragsverletzung 256
Bauzeitüberschreitung
Rücktritt, Abschlagszahlungen 2; 42
Verzug 44
Bedenkenanmeldung
Kündigungsvoraussetzungen, Nachtragsangebote 332
Behinderung
Baugenehmigung verspätet, Schadenersatzanspruch 258
Erfüllungsgehilfe, Vorunternehmer 90
Schaden beiderseitiger Verursachung, Mitverschulden 50
Schadenersatz 46
Schadenersatz bei Bauverzögerung, Vorunternehmerverzug 48
Schadenersatz, Baustop durch Nachbarn, Stillstandskosten 260
Schadenersatzanspruch, Zusatzleistungen, Behinderungsanzeige 262

INDEXVERZEICHNIS

Behinderungsanzeige
Zusatzleistungen, Schadenersatzanspruch, Behinderung 262
Beratungspflicht
Mangelhafte Küchenplanung 220
Bereicherungsanspruch
Dissens über Vergütung, Wertersatz 192
Mängelbeseitigungskosten 264
Nachbarschaftshilfe, Bewertung 52
Überzahlung des Werklohnes, Beweislast 266
Wertersatz,Dissens über Vergütung 192
Besondere Leistungen
Schriftform, Statikerhonorar 150
Bestellung
Von Baumaterialien an der Baustelle durch Bauherrn, Haustürwiderrufsgesetz 180
Betonmängel
Bauleitung durch Bauherrn 56
Beurkundungserfordernis
Formmangel - Bauwerkvertrag 288
Beurkundungspflicht
Grundstück 314
Bevollmächtigung des Architekten
Vertretung 208
Beweislast
Abnahmevoraussetzungen, für Vergütung 158
Für Mängel, Kündigungsfolgen 182
Für Vergütung, Abnahme, Voraussetzung 206
Kausalitätsvermutung und Verletzung von DIN-Normen 54
Überzahlung des Werklohnes, Bereicherungsanspruch 266
Umkehr, Verstoß gegen anerkannte Regeln der Technik, Mangel 216
Beweissicherungsverfahren
Anhörung des Sachverständigen 58
Bauträger als WEG-Verwalter gegen Subunternehmer 60
Kostenerstattung bei Vergleich 64
Kostenerstattung, Schadenersatzanspruch 62
Sachverständigenablehnung 66
Schadenersatzanspruch,Kostenerstattung 62
Streitwert, Mängelansprüche 68
Verjährungsunterbrechung bei Antragstellung durch Auftragnehmer 268

INDEXVERZEICHNIS

Bindefrist
AGB-Klauseln 228
Bindung
An VOB/A, Ausschreibung 24
Zuschlagsfrist, AGB-Klauseln 236
Bürgschaft
Auf erste Anforderung, Rückgriff auf Guthaben des Bankkunden 72
Auf erstes Anfordern, Gewährleistungsbürgschaft 70
Auf erstes Anfordern, Sicherheitsleistung, Vereinbarung 272
Auszahlungsbürgschaft 270
Erstreckung auf Vertragsstrafe 74
Schriftform, Telefax 76
Telefax, Schriftform 76
Verjährung der Gewährleistungsansprüche 78
Vorschußanspruch zur Mängelbeseitigung 80

D

Dachdeckungsarbeiten
Abrechnung, Deckung von First und Graten 82
DIN-Normen
DIN 18300 88
DIN 18338 82
Regeln der Baukunst, Schallschutz 84
Schallschutz DIN 4109 274
Dissens über Vergütung, Wertersatz
Bereicherungsanspruch 192

E

Eigennachbesserung vor Fristablauf
Nachbesserungskosten 338
Eigentümer/Besteller/Identität
Bauhandwerker-Sicherungshypothek 34
Eigentumsverletzung
Schadenersatzanspruch, Nutzungsausfall 86

INDEXVERZEICHNIS

Schutzpflicht des Werkunternehmers, Verschmutzungen 106
Verschmutzungen, Schutzpflicht des Werkunternehmers 106
Einbauküche
Gewährleistungsfrist, Bauwerksarbeiten 178
Einstweilige Verfügung
Unterlassungsverfügung, Fälligkeitsnachweis 346
Einwendungsfrist
Finanzierter Werkvertrag, Fertighausvertrag 100
Entbehrlichkeit
Fristsetzung, Ablehnungsandrohung 348
Fristsetzung, Ablehnungsandrohung 322
Entgangener Gewinn
AGB-Klauseln, Ausschluß 230
Erdarbeiten
Abrechnung, Erdaushub und -abfuhr 88
Erforderliche Aufwendungen
Mängelbeseitigungskosten, Untersuchungen 114
Erfüllungsgehilfe
Höhenfestpunkte, Bauträger 276
Vorunternehmer, Behinderung 90
Erfüllungszeitpunkt bei Überweisung
Zahlungsfrist, Schuldnerverzug 146
Erstreckung auf Vertragsstrafe
Bürgschaft 74

F

Fälligkeit
Abnahme, Zurückbehaltungsrecht 92
AGB-Klauseln 102
BGB-Werkvertrag, Abnahme 278
Kündigung 94
Kündigung, Schlußrechnung, Teilrechnungen 280
Mängelfreiheitsbescheinigungen 284
Nachweis, Einstweilige Unterlassungsverfügung 346
Zurückbehaltungsrecht, Fehlende Bescheinigungen über
   Holzschutzbehandlungen 176

INDEXVERZEICHNIS

Fenster
Bauwesenversicherung, Diebstahl 188
Hersteller, Vorleistungspflicht des Bestellers, AGB-Klauseln 4
Fertighaus
AGB-Klauseln, Abschlagszahlungen 6
Kündigung, Werkvertrag, Fristsetzung 312
Trittschalldämmung, mangelhafte Bauleistung 124
Fertighaushersteller
AGB-Klauseln, Kündigungsfolgen 12
Baugrundverhältnisse, Planungsfehler 286
Fertigstellungstermin, Fristverlängerungsklausel, AGB-Gesetz 96
Kündigungsfolgen, AGB-Klauseln 12
Fertighausvertrag
Einwendungsfrist, Finanzierter Werkvertrag 100
Kündigungsfolgen, AGB-Klauseln 162
notarielle Beurkundung 108
VOB Vereinbarung, Hinweis auf VOB/B 184
Fertigstellungsfrist
Kündigungsandrohung, Auftragsentziehung 226
Fertigstellungstermin
Fertighaushersteller, Fristverlängerungsklausel, AGB-Gesetz 96
Festpreis
Erhöhung bei Bauverzögerung AGB-Gesetz 98
Feuerversicherung
Bauwesenversicherung, positive Vertragsverletzung 256
Finanzierter Werkvertrag
Einwendungsfrist, Fertighausvertrag 100
Finanzierungsklausel
Bankgarantie 194
Finanzierungsmittel
Fehlende, Aufhebung der Ausschreibung 290; 318
Folgeschäden bei Trockenmörtel
Baustofflieferung, Positve Vertragsverletzung 170
Formmangel
Bauwerkvertrag, Beurkundungserfordernis 288
Freistellungsklage
Bauträgerhaftung 172
Fristablauf wegen Weihnachtsferien
VOB Neufassung, Schlußzahlungseinrede 308

INDEXVERZEICHNIS

Fristsetzung
Ablehnungsandrohung, Entbehrlichkeit 322; 348
Fertighaus, Kündigung, Werkvertrag 312
Fristverlängerungsklausel
Fertighaushersteller, Fertigstellungstermin, AGB-Gesetz 96

G

Gartenteich Überschwemmungsschaden
Mangelhafte Bauleistung 120
Gemeinsames Aufmaß
Voraussetzungen 324
Generalübernehmer-Vertrag
Baugenehmigung 104
Planung nicht genehmigungsfähig 210
Geschäftsführerhaftung
Bauträgerhaftung 344
Gewährleistung
Nach VOB/B, AGB-Klauseln 8
Gewährleistungsanspruch
Nachbesserung oder Minderung 326
Verjährung, Bürgschaft 78
Gewährleistungsfrist
Bauwerksarbeiten, Einbauküche 178
Glaubhaftmachung
Bauhandwerkersicherungshypothek 248
Grobe Fahrlässigkeit
Tragplattendurchbiegung, Statikerhaftung 148
Grundstücksübereignung
Konkursfolgen, Bauträgervertrag 36
Grundstücksveräußerung und Bauwerkserrichtung
Bauträgervertrag 250

INDEXVERZEICHNIS

H

Haftung
Geschäftsführerhaftung, Bauträgerhaftung 344
Hausbesuch nach Verhandlungen
Haustürwiderrufsgesetz 328
Hausfassade
Wertlosigkeit, Minderungsanspruch 128
Haustürwiderrufsgesetz
Bestellung von Baumaterialien an der Baustelle durch Bauherrn 180
Hausbesuch nach Verhandlungen 328
Herausgabe von Unterlagen
Auskunftspflicht, Bauträger/Erwerbervertrag 240
Hinweispflicht
In getrennten Schreiben, Schlußzahlungseinrede 144
Planungsfehler, Mangelhafte Bauleistung 122
Werklohnklage des Gerichtes, Kündigungsfolgen 186

K

Kalkulation
Irrtum, Leistungsbeschreibung, Verschulden bei Vertragsabschluß 110
Kausalitätsvermutung und Verletzung von DIN-Normen
Beweislast 54
Konkursfolgen
Bauträgervertrag, Grundstücksübereignung 36
Kopplungsverbot
Planungsleistungen, Baubetreuungsvertrag 242
Kostenerstattung
Anspruch, Privatgutachten, Voraussetzungen 224
Bei Vergleich, Beweissicherungsverfahren 64
Pflicht bei falschem Gutachten, Sachverständigengutachten 138
Pflicht, Privatgutachten 130; 334
Schadenersatzanspruch, Beweissicherungsverfahren 62

INDEXVERZEICHNIS

Kündigung
Androhung, Fertigstellungsfrist, Auftragsentziehung 226
Ausschluß, AGB-Klauseln 10
Fälligkeit 94
Fälligkeit, Schlußrechnung, Teilrechnungen 280
Unbegründetes Schadenersatzverlangen 292
Voraussetzungen, Bedenkenanmeldung, Nachtragsangebote 332
Werkvertrag, Fertighaus, Fristsetzung 312
Kündigungsfolgen
AGB-Klauseln, bei Fertighausvertrag 162
Beweislast für Mängel 182
Fertighaushersteller, AGB-Klauseln 12
Hinweispflicht, Werklohnklage des Gerichtes 186
Mehrkostennachweis des Auftraggebers 214
Kündigungsgrund
Unberechtigte Kündigung der Gegenseite 330

L

Leistungsbeschreibung
Verschulden bei Vertragsabschluß, Kalkulationsirrtum 110
Leistungsverweigerungsrecht
AGB-Klauseln 14
Lohngleitklausel
Preisvorbehalt, Voraussetzungen 112

M

Mängel
Baustellenaufräumkosten, Positive Vertragsverletzung 320
Verstoß gegen anerkannte Regeln der Technik, Beweislastumkehr 216
Mängelansprüche
Beweissicherungsverfahren, Streitwert 68
Mängelanzeige in unverjährter Zeit
Aufrechnung 18

INDEXVERZEICHNIS

Mängelbeseitigung
  Nutzungsausfall Schadenmindungspflicht 196
Mängelbeseitigungskosten
  Bereicherungsanspruch 264
  Erforderliche Aufwendungen, Untersuchungen 114
  Totalerneuerung oder Reparatur, Minderung 294
  Verkauf des Grundstücks 296
Mängelfolgeschaden
  Positive Vertragsverletzung, Montagefehler 222
  Vorsatzschaden zur Schalldämmung 116
  Wurzel in Abwasserleitungen, Baubetreuerhaftung 118
Mängelfreiheitsbescheinigungen
  Fälligkeit Schlußrechung 284
Mangelhafte Bauleistung
  Abweichung von DIN, Solleistung 298
  Anerkannte Regeln der Technik 218
  Gartenteich Überschwemmungsschaden 120
  Planungsfehler, Hinweispflicht 122
  Trittschalldämmung im Fertighaus 124
  Unverhältnismäßiger Aufwand 126
Mangelhafte Küchenplanung
  Beratungspflicht 220
Materialpreisgleitklausel
  Preisvorbehalt, Voraussetzungen 112
Mehrkostennachweis des Auftraggebers
  Kündigungsfolgen 214
Mehrmengen
  Auftragsklauseln 40
Mehrvergütung
  AGB-Klauseln, Pauschalvertrag 232
Mindermengen
  Auftragsklauseln 40
Minderung
  Anspruch, Wertlosigkeit, Hausfassade 128
  Schallschutzmängel, Nachbesserung 300
  Totalerneuerung oder Reparatur, Mängelbeseitigungskosten 294
Mitverschulden
  Behinderung, Schaden beiderseitiger Verursachung 50
  Hauptunternehmer, Planungsfehler, Bauunternehmer-Haftung 252

INDEXVERZEICHNIS

Montagefehler
Positive Vertragsverletzung, Mangelfolgeschaden 222

N

Nachbarschaftshilfe
Bereicherungsanspruch, Bewertung 52
Nachbarschutz
Ungezieferbefall 336
Nachbesserung
Minderung, Gewährleistungsanspruch 326
Minderwert, Schallschutzmängel 300
Nachbesserungskosten
Fristablauf, Eigennachbesserung vor 338
Nachtragsangebote
Kündigungsvoraussetzungen, Bedenkenanmeldung 332
Notarielle Beurkundung
Fertighausvertrag 108
Von Änderungen, Bauträgervertrag, Vollmacht 174
Nutzungsausfall
Schadenersatzanspruch, Eigentumsverletzung 86
Schadenminderungspflicht, Mängelbeseitigung 196

P

Pauschalpreis
Schriftformklausel für Nachträge 198
Pauschalvertrag
Mehrvergütung, AGB-Klauseln 232
Planungsfehler
Amtshaftung, Baugenehmigung, ... 32
Baugrundverhältnisse, Fertighaushersteller 286
Bauunternehmer-Haftung, Mitverschulden Hauptunternehmer 252
Hinweispflicht, Mangelhafte Bauleistung 122
Planungsleistungen
Ausschreibungskosten, Vorarbeiten, Angebotsverarbeitung 30

INDEXVERZEICHNIS

Baubetreuungsvertrag, Kopplungsverbot 242
Positive Vertragsverletzung
Baustellenaufräumkosten, Mängel 320
Feuerversicherung, Bauwesenversicherung 256
Mangelfolgeschaden, Montagefehler 222
Preisvorbehalt
Lohn- und Materialpreisgleitklausel, Voraussetzungen 112
Privatgutachten
Kostenerstattungsanspruch, Voraussetzungen 224
Kostenerstattungspflicht 130; 334
Privatgutachterkosten
Aufmaßprüfung 132
Prozeßgrundsatz
Rechtliches Gehör 142
Prüfbarkeit
Rechnung Statikerhonorar, anrechenbare Kosten 310
Prüfungs- und Hinweispflicht
Arbeitsraumverfüllung, Verdichtung 200
Außenanstrich Fenster 134
Vorarbeiten für Fassadenanstrich 136

R

Rechtliches Gehör
Prozeßgrundsatz 142
Reparatur
Totalerneuerung, Mängelbeseitigungskosten, Minderung 294
Restarbeiten
Baustellenaufräumkosten, Positive Vertragsverletzung 320
Rückgriff auf Guthaben des Bankkunden
Bürgschaft auf erste Anforderung 72
Rügepflicht
Abnahme, AGB-Klauseln 164

INDEXVERZEICHNIS

S

Sachverständigen, Anhörung
Beweissicherungsverfahren ... 58
Sachverständigenablehnung
Beweissicherungsverfahren ... 66
Sachverständigengutachten
Kostenerstattungspflicht auch bei falschem Gutachten ... 138
Urkundenbeweis ... 202
Sachverständigenhaftung
Sittenwidrige vorsätzliche Schädigung ... 140
Sachverständigenprüfung
Verwirkung wegen schwerwiegender Mängel des Gutachtens ... 304
Schaden beiderseitiger Verursachung
Mitverschulden, Behinderung ... 50
Schadenersatz
Behinderung ... 46
Behinderung, Baustop durch Nachbarn, Stillstandskosten ... 260
Bei Bauverzögerung, Voruntemehmerverzug, Behinderung ... 48
Skontoabzug bei Schadensberechnung ... 302
Schadenersatzanspruch
Baugenehmigung verspätet, Behinderung ... 258
Behinderung, Zusatzleistungen, Behinderungsanzeige ... 262
Beweissicherungsverfahren, Kostenerstattung ... 62
Eigentumsverletzung, Nutzungsausfall ... 86
Verjährt, Aufrechnungsaufschluß ... 20
Schadenersatzverlangen
Unbegründetes, Kündigung ... 292
Schadenmindungspflicht
Nutzungsausfall, Mängelbeseitigung ... 196
Schadenpauschalierungsklausel
AGB-Klauseln ... 16
Schallschutz
DIN 4109, DIN-Normen ... 274
DIN-Normen, Regeln der Baukunst ... 84
Schlußrechnung
Fälligkeit, Abrechnungsunterlagen ... 282
Kündigung, Fälligkeit, Teilrechnungen ... 280

INDEXVERZEICHNIS

Schlußzahlungseinrede
Abtretung, Vorbehaltserklärung 306
Hinweispflicht in getrennten Schreiben 144
VOB Neufassung, Fristablauf wegen Weihnachtsferien 308
Schriftform
Besondere Leistungen, Statikerhonorar 150
Klausel für Nachträge, Pauschalpreis 198
Schuldnerverzug
Erfüllungszeitpunkt bei Überweisung, Zahlungsfrist 146
Selbständiges Beweisverfahren
Anwaltsgebühren 204
Sicherheitsleistung
Vereinbarung, Bürgschaft auf erstes Anfordern 272
Sittenwidrige vorsätzliche Schädigung
Sachverständigenhaftung 140
Skontoabzug bei Schadensberechnung
Schadenersatz 302
Solleistung
Abweichung von DIN, Mangelhafte Bauleistung 298
Statikerhaftung
Grobe Fahrlässigkeit, Tragplattendurchbiegung 148
Statikerhonorar
Besondere Leistungen, Schriftform 150
Prüfbare Rechnung, Anrechenbare Kosten 310
Stillstandskosten
Baustop durch Nachbarn, Schadenersatz, Behinderung 260
Streitwert
Mängelansprüche, Beweissicherungsverfahren 68
Stundenlohnzettel
Ausgeführte Arbeiten 152

T

Teilkündigung
AGB-Klauseln, Vergütung 234
Teilrechnungen
Schlußrechnung Kündigung, Fälligkeit 280

INDEXVERZEICHNIS

Totalerneuerung
Reparatur, Mängelbeseitigungskosten, Minderung 294
Trittschalldämmung im Fertighaus
Mangelhafte Bauleistung 124
Türen
Bauwesenversicherung, Diebstahl 188

Ü

Überzahlung des Werklohnes
Beweislast, Bereicherungsanspruch 266

U

Unberechtigte Kündigung der Gegenseite
Kündigungsgrund 330
Ungezieferbefall
Nachbarschutz 336
Unverhältnismäßiger Aufwand
Mangelhafte Bauleistung 126
Urkundenbeweis
Sachverständigengutachten 202

V

Verbraucherkreditgesetz
Bausatzvertrag, Widerrufsrecht 168
Vergütung
Abnahmevoraussetzungen, Beweislast 158
Teilkündigung, AGB-Klauseln 234
Vergütungspflicht
Angebotsbearbeitungskosten, Ausschreibungskosten 28
Ausschreibungskosten 26
Verjährung
Gewährleistungsansprüche, Bürgschaft 78

INDEXVERZEICHNIS

Schadenersatzanspruch, Aufrechnungsaufschluß 20
Unterbrechung bei Antragstellung durch Auftragnehmer,
Beweissicherungsverfahren 268
Verkauf des Grundstücks
Mängelbeseitigungskosten 296
Verletzung von DIN-Normen und Kausalitätsvermutung
Beweislast 54
Verstoß
Anerkannte Regeln der Technik, Mangel, Beweislastumkehr 216
Vertragsstrafe
Vereinbarung, AGB-Klauseln 154
Verwirkung
schwerwiegende Mängel des Gutachtens, Sachverständigenprüfung 304
Verzug
Bauzeitüberschreitung 44
VOB Neufassung
Fristablauf wegen Weihnachtsferien, Schlußzahlungseinrede 308
VOB Vereinbarung
Fertighausvertrag, Hinweis auf VOB/B 184
Vollmacht
Bauträgervertrag, Notarielle Beurkundung von Änderungen 174
Vorarbeiten
Fassadenanstrich, Prüfungs- und Hinweispflicht 136
Planungsleistungen, Ausschreibungskosten, Angebotsverarbeitung 30
Voraussetzungen
Gemeinsames Aufmaß 350
Privatgutachten, Kostenerstattungsanspruch 224
Vorbehaltserklärung
Abtretung, Schlußzahlungseinrede 306
Vorleistungsklausel
Bauträgervertrag 212
Vorleistungspflicht des Bestellers
Fensterhersteller, AGB- Klauseln 4
Vorsatzschaden zur Schalldämmung
Mangelfolgeschaden 116
Vorschußanspruch zur Mängelbeseitigung
Bürgschaft 80
Vorunternehmerverzug
Schadenersatz bei Bauverzögerung, Behinderung 48

INDEXVERZEICHNIS

W

Werklohnklage des Gerichtes
Kündungsfolgen, Hinweispflicht 186
Werkvertrag
Kündigung, Fertighaus, Fristsetzung 312
Wertersatz
Dissens über Vergütung, Bereicherungsanspruch 192
Wertlosigkeit
Hausfassade, Minderungsanspruch 128
Widerrufsrecht
Bausatzvertrag, Verbraucherkreditgesetz 190
Verbraucherkreditgesetz, Bausatzvertrag 168
Wurzel in Abwasserleitungen
Baubetreuerhaftung, Mangelfolgeschaden 118

Z

Zahlungsfrist
Erfüllungszeitpunkt bei Überweisung, Schuldnerverzug 146
Zurückbehaltungsrecht
Abnahme, Fälligkeit 92
Fehlende Bescheinigungen über Holzschutzbehandlungen, Fälligkeit 176
Zusatzleistungen
Schadenersatzanspruch, Behinderung, Behinderungsanzeige 262
Zuschlagsfrist
AGB-Klauseln, Bindungsfrist 236

Baurechtsberater Bauherren

**Urteilsregister
Gesetzesregister**

Urteilsregister (positive Fälle[*])

BGH-
Urteil 25.09.1986 (VII ZR 276/84) 155

BGH Urteil
01.10.1985 (IX ZR 155/84) 53
05.04.1984 (VII ZR 167/83) 81
05.05.1993 (X ZR 115/90) 43,3
05.05.1994 (III ZR 28/93) 167
06.04.1995 (VII ZR 73/94) 173
07.05.1987 (VII ZR 129/86) 9
08.06.1967 (VII ZR 311/64) 45
08.07.1993 (VII ZR 79/92) 41
08.11.1984 (VII ZR 256/83) 13
08.11.1994 (VI ZR 207/93) 203
09.02.1994 (VII ZR 282/93) 171
09.10.1986 (VII ZR 249/85) 95
10.07.1986 (III ZR 19/85) 101
10.10.1991 (VII ZR 289/90) 7
12.07.1977 (VII ZR 154/78) 27
13.10.1994 (VII ZR 139 /93) 207
13.10.1994 (VII ZR 139/93) 159
14.01.1993 (VII,ZR 185/91) 51
14.05.1992 (VII ZR 204/90) 15
15.03.1990 (IX ZR 44/89) 75
16.06.1982 (VII ZR 89/81) 17
16.09.1993 (VII ZR 206/92) 195
17.05.1982 (VII ZR 316/81) 11
19.01.1995 (VII ZR 131/93) 219
19.03.1992 (III ZR 117/90) 33
19.04.1991 (V ZR 349/90) 55
20.05.1985 (VII,ZR 198/84) 99
21.11.1985 (VII ZR 366/83) 39,37
23.02.1989 (VII ZR 31/88) 19
23.03.1995 (VII ZR 228/93) 163
27.04.1995 (VII ZR 14/94) 197
27.06.1985 (VII ZR 23/84) 91
28.01.1993 (IV ZR 259/91) 77
28.06.1984 (VII ZR 276/83) 97
29.06.1994 (IV ZR 129/93) 189
29.09.1988 (VII ZR 186/87) 9
30.06.1977 (VII ZR 205/75) 23
31.01.1985 (IX ZR 66/84) 71
Beschluß vom
09.07.1986 (GSZ 1/86) 87

KG Berlin
06.10.1989 (7 U 2740/89) 211,105

LG Darmstadt
Beschluß vom
22.07.1985 (5 T 768/85) 69

LG Frankfurt
22.09.1993 (2/1 S 78/93) 147
Beschluß vom
28.09.1984 (2/9 T 633/84) 59

LG Tübingen
28.02.1994 (1 S 312/93) 119

OLG Bamberg
15.12.1994 223
Beschluß vom
08.09.1993 (3 W 67/93) 133

OLG Celle
18.05.1995 (14 U 108/94) 215
24.11.1994 (7 U 13/94) 183

OLG Düsseldorf
01.08.1995 (21O 255/94) 185
02.06.1995 (22 U 215/94) 221
09.05.1990 (19 U 16/89) 47
13.03.1991 (19 U 47/90) 31
15.12.1995 (22 U 138/95) 209
17.03.1994 (5 U 233/93) 107
17.12.1993 (22 U 119/93) 123
18.06.1985 (23 U 7/85) 63
20.02.1995 (22U 129/94) 165
22.10.1993 (22 U 103/93) 125
25.03.1994 (22 U 159/93) 117
25.05.1990 (22 U 239/89) 61
26.02.1993 (22 U 201/92) 149
27.06.1995 (23 U 77/95) 213
Beschluß vom
19.10.1993 (22 W 37/93) 131
Beschluß vom
23.08.1985 (23 W 31/85) 67

OLG Frankfurt
13.10.1987 (12 U 111/87) 73

OLG Hamm
13.04.1994 (12 U 149/93) 187
13.04.1994 (12 U 171/93) 217
14.05.1992 (17 U 193/90) 83
16.05.1994 (17 U 36/93) 175
17.05.1993 (17 U 7/92) 21
18.06.1993 (26 U 198/93) 115

---
[*] Aus Bauherrensicht

Urteilsregister (positive Fälle[*])

19.05.1994 (5 U 127/93) 139
24.11.1993 (12U 29/93) 157
25.11.1993 (17 U 193/91) 151
29.06.1993 (26 U 198/93) 115

OLG Karlsruhe
11.07.1994 (17 U 212/92) 199
29.12.1989 (8 U 5/88) 111
30.06.1994 (18A U47/93) 161
30.11.1993 (8 U 251/93) 153

OLG Koblenz
01.01.1994 (5 U 1240/92) 193
10.03.1992 (3 U 1016/91) 89
14.10.1993 (6 U 1763/91) 109
24.09.1992 (5 U 1304/92) 35
Beschluß vom
04.06.1993 (14 W 320/93) 205

OLG Köln
05.02.1993 (19 U 104/92) 141
06.05.1994 (19 U 205/92) 145
08.07.1992 (11 U 53/92) 93
08.11.1991 (19 U 50/91) 29
09.05.1995 (15 U 149/94) 169
09.05.1995 (15U 149/94) 191
13.07.1993 (22 U 48/93) 25
14.06.1985 (20 U 164/84) 49
17.06.1994 (19 U 118/93) 201

18.02.1994 (19 U 216/93) 113
19.01.1994 (13 U 171/93) 121
20.09.1994 (9 U 82/93) 179
20.10.1993 (13 U 84/93) 135
21.01.1992 (9U 87/91) 5
22.04.1994 (19 U 233/93 127
22.06.1993 (22 U 47/93) 79
22.12.1992 (3 U 36/90) 129
Beschluß vom
14.06.1995 (17 B 240/94) 225

OLG München
03.02.1993 (27 U 232/92) 143

OLG Rostock
15.02.1995 (2 U 59/94) 177

OLG Schleswig
09.03.1994 (9 U 116/93) 103

OLG Stuttgart
02.06.1993 (13 U 7/93) 137
03.02.1993 (9 U 186/92) 155
24.11.1976 (6 U 27/76) 85

OLG Zweibrücken
04.07.1994 (7 U 164/93) 181
10.03.1994 (4 U 143/93) 155

---

[*] Aus Bauherrensicht

Urteilsregister (negative Fälle[*])

BGH Urteil
01.0.61983 (FVaZR 152/81)............... 255
01.12.1993 (VII ZR 129/92)............... 331
01.12.1994 (III ZR33/94)...................... 317
05.12.1985 (VII,ZR 156/85)............... 277
06.04.1979 (V,ZR 72/74)...................... 289
06.12.1990 (VII,ZR 98/89).................... 267
07.07.1995 (V ZR 213/94).................... 337
09.04.1992 (IX ZR 148/91) 271
11.10.1965 (VII ZR 124/63)............... 265
18.03.1993 (VII,ZR 176/92)............... 243
19.09.1985 (IX ZR 16/85) 273
23.09.1976 (III ZR 119/74).................... 287
23.10.1986 (VII ZR 267//85).............. 253
24.09.1987 (VII ZR 306//86)............... 251
27.03.1995 (II ZR 136/94)..................... 345
29.02.1968 (VII ZR 154/65)................. 227
29.09.1994 (VII ZR 241/93)................. 329

KG Berlin
18.04.1995 (21 U 511/95)..................... 315
20.04.1993 (7 U 4068/92)..................... 309

LG Nürnberg
02.05.1979 (3 O 6364/78)..................... 229

LG Stralsund
15.02.1995 (7 0 206/94) 313

OLG Celle
09.07.1985 (16 U 216/84)..................... 279
14.02.1995 (16 U 286/93)..................... 321

OLG Düsseldorf
09.06.1992 (23 U 192/91)..................... 269
14.04.1994 (5 U 139/93)............... 351,325
16.03.1995 (5 U 72/94)................... 349,323
23.11.1982 (23 U 42/82)..................... 283
27.06.1995 (23 U 77/95)...................... 347
28.04.1987 (23 U 151/86)..................... 261
29.07.1994 (23 U 251/93)..................... 333
Beschluß vom
19. 10. 1993 (22 W 37/93)................... 335

OLG Frankfurt
07.06.1985 (6 U 148/84)..................... 235
19.03.1992 (1 U 176/89)..................... 307

20.05.1985 (74/84) 273
24.01.1985 (1 U 291/83).......................259

OLG Hamburg
21.09.1988 (4 U 261/87).......................239

OLG Hamm
11.03.1993 (12 U 9/93)........................311
13.04.1994 (12 U 171/93).....................299
17.03.1994 (27 U 227/93).....................295
22.03.1979 (21 U 150/78).....................257
Beschluß vom
09.07.1993 (12 W 10/93).....................301

OLG Karlsruhe
05.11.1992 (4 U 24/92)..................319,291
09.10.1973 (8 U 219/71).......................245
16.01.1992 (9 U 209/90).......................293
30.09.1993 (4 U 101/93).......................303

OLG Koblenz
18.03.1988 (8 U 345/87).......................263
29.07.1993 (5 U 921/93).......................343
Beschluß vom
27.11.1992 (5 W 637/92).....................305

OLG Köln
04.02.1994 (19 U 138/93).....................339
18.06.1993 (19 U 241/92).....................297
19.08.1992 (19 U 141/91).....................281
20.12.1977 (9 U 107/77).......................285
21.04.1982 (13 U 172/81).....................237
23.06.1975 (15 U 29/75).......................249

OLG München
08.03.1991 (9 U 5179/87).....................275
15.10.1991 (9 U 2958/91).....................241
16.11.1993 (9 U 3155/93).....................341
22.05.1990 (9 U 6108/89).....................233

OLG Stuttgart
23.03.1994 (9 U 275/93).......................327
27.08.1957 (5 U 69/57).........................247

OLG Zweibrücken
13.06.1988 (4 U 239-87) 231

---

[*] Aus Bauherrensicht

Gesetzesregister (positive Fälle*)

AGB-Gesetz
§ 10 Nr. 7 163,13
§ 11 165
§ 11 Nr. 1 99
§ 11 Nr. 10 173
§ 11 Nr. 10f 9
§ 11 Nr. 12 a 11
§ 11 Nr. 2 195
§ 11 Nr. 2 a 15
§ 11 Nr. 5 13
§ 11 Nr. 5b 17
§ 2 185
§ 23 9
§ 3 163,11
§ 9 213,195,155,103,99
und 97,41,21,7,5

Bayr.Verfassung
Art. 91 143

BGB
§ 125 199
§ 174 209
§ 195 223
§ 209 173
§ 246 111
§ 249 139,111,87,29
§ 252 87
§ 254 139,123,51
§ 269 147
§ 270 147
§ 273 177
§ 276 223,171,111
§ 278 91
§ 282 55
§ 284 Abs. 2 45
§ 313 175,109
§ 320 101,93,15
§ 322 101
§ 325 211,105
§ 326 5
§ 327 5
§ 342 53
§ 346 5
§ 362 147
§ 479 21,19
§ 631 193,187,177,107,89
und 85,31
§ 631 ff. 179
§ 632 199,83,31,27

§ 633 219,217,125,115,85
und 81
§ 633 Abs. 1 127
§ 634 129
§ 635 223,221,211,197,171
und 157,149,121,119,117
und 105,87,63
§ 636 43
§ 638 223,179,119,9
§ 639 21
§ 639 Abs. 1 19
§ 640 207,159
§ 641 103
§ 648 35
§ 649 187,163,39,13
§ 651 179
§ 735 81
§ 765 71
§ 765 ff. 79,77,75,73
§ 768 71
§ 812 53
§ 818 193
§ 823 139,107
§ 826 141
§ 839 167,33
§ 93 ff. 189

BRAO
§ 13 205
§ 37 Nr. 3 205
§ 48 205

GG
§ 108 I 143

Haustürwiderrufsgesetz
§ 1 181

HOAI
§ 34 149
§ 5 Abs. 4 151

KO
§ 17 37
§ 24 37

Menschenrechtskonvention
Art. 6 I 143

---
* Aus Bauherrensicht

Gesetzesregister (positive Fälle[*])

Verbraucherkreditgesetz
§ 2 191,169
§ 3 191,169

VOB/A
§ 1 ff. 25

VOB/B
§ 11 155
§ 12 183
§ 12 Nr. 3 161
§ 13 9
§ 13 Nr. 1 219,183,127,125
§ 13 Nr. 3 135,123
§ 13 Nr. 4 79
§ 13 Nr. 5 19
§ 13 Nr. 6 129
§ 13 Nr. 7 137,123,63
§ 15 Nr. 3 153
§ 16 147
§ 16 Nr. 3 95
§ 16 Nr. 3 Abs. 2 145
§ 2 Nr. 1 113
§ 2 Nr. 3 41
§ 2 Nr. 7 199

§ 4 215
§ 4 Nr. 2 137
§ 4 Nr. 3 201,137,135,123
§ 4 Nr. 7 183
§ 5 45
§ 6 Nr. 6 91,51,49,47
§ 6 Nr. 7 95
§ 8 Nr. 3 215,183
§ 8 Nr. 3 Abs. 2 23
§ 8 Nr. 6 95
§ 9 Nr. 3 95
§ Abs. 2 215

ZPO
§ 139 187
§ 278 187
§ 282 207,159
§ 286 197
§ 287 51
§ 402 203
§ 406 67
§ 411 59
§ 485 ff. 69,67,61
§ 492 59
§ 91 225,133,131

---

[*] Aus Bauherrensicht

Gesetzesregister (negative Fälle*)

AGB-Gesetz
§ 10, Nr. 1 237
§ 10 Nr. 1 229
§ 11 Nr. 15 235
§ 11 Nr. 7 233,231
§ 13 231
§ 3 255
§ 8 231
§ 9 341,255,235,231

Beurkundungsgesetz
§ 9 289

BGB
§ 1004 337
§ 226 247
§ 242 247,245
§ 249 303
§ 254 253
§ 276 245
§ 278 277,253
§ 313 315,289,251
§ 320 347
§ 325 303
§ 326 293
§ 444 241
§ 631 345,287,251,239
§ 633 327,295,275
§ 633 Abs. 1 299
§ 634 349,327,323
§ 635 303,301,257,253
§ 640 343
§ 641 285,281,279
§ 648 343,249,247
§ 649 331,315,313,293,231
§ 765 273,271
§ 812 265
§ 839 317,259
§ 885 249
§ 906 337

Haustürwiderrufsgesetz
§ 1 329

HOAI
§ 10 311

§ 10 Abs. 2 313
§ 15 243
§ 62 311
§ 8 311

MRVG
§ 3 Art. 10 243

VOB/A
§ 19 229
§ 19 Nr. 2 237
§ 26 319,291

VOB/B
§ 13 Nr. 1 299
§ 13 Nr. 5 339,297,295,265
§ 13 Nr. 5 bis 7 321
§ 14 351,325
§ 14 Nr. 1 283
§ 16 Nr. 1 271
§ 16 Nr. 3 309,307,281
§ 17 273
§ 2 Nr. 2 341
§ 2 Nr. 4 235
§ 2 Nr. 5 341
§ 2 Nr. 6 341
§ 2 Nr. 7 233
§ 3 Nr. 2 277
§ 4 Nr. 7 321
§ 5 Nr. 4 313
§ 6 Nr. 6 263,261,259
§ 8 Nr. 1 333
§ 8 Nr. 1 u. 3 Abs. 1 u. 2 313
§ 8 Nr. 3 333,321

ZPO
§ 286 267
§ 287 261
§ 294 347
§ 485 ff. 269
§ 91 335
§ 920 347
§ 935 ff. 249
§ 936 347

ZSEG
§ 3 305

---

*Aus Bauherrensicht

Baurechtsberater Bauunternehmer
Ergangene Gerichtsurteile gewinnbringend einsetzen

von Jürgen Rilling

1998. XVIII, 234 S. Geb.
DM 69,80 ISBN 3-528-02553-0

Der Inhalt:
- Positive Entscheidungen aus der Sicht des Bauunternehmers -
Negative Entscheidungen aus der Sicht des Bauunternehmers -
Indexverzeichnis - Urteilsregister - Gesetzesregister

Um Streitigkeiten zu vermeiden oder mit dem nötigen rechtlichen Hintergrundwissen zu lösen, ist die Beachtung von vielen ergangenen Urteilen wichtig. Der Baurechtsberater Bauunternehmer gibt einen umfangreichen Überblick über wesentliche Rechtsgrundsätze aus dem Bereich des privaten Baurechts und macht die Urteile durch einfache Fallbeispiele leicht verständlich und anwendbar.

Die Kennzeichnung der für den Bauunternehmer positiven und negativen Entscheidungen durch (+) und (-) Symbole in der Kopfzeile macht ein Einordnen des Falls möglich.Der Zugang kann je nach Erfordernis über das Indexverzeichnis,Urteilsregister, Gesetzesregister oder aufgelistete Fragestellungen erfolgen.

Änderungen vorbehalten. Stand August 1998.
Erhältlich im Buchhandel oder beim Verlag.

Abraham-Lincoln-Str. 46,
Postfach 1547,
65005 Wiesbaden
Fax: (06 11) 78 78-4 00,
http://www.vieweg.de

vieweg

Baurechtsberater Architekten
Streitigkeiten lösen und vermeiden

von Jürgen Rilling

1998. XVIII, 256 S. Geb.
DM 69,80 ISBN 3-528-02551-4

Der Inhalt:
- Positive Entscheidungen aus der Sicht des Architekten - Negative Entscheidungen aus der Sicht des Architekten - Indexverzeichnis - Urteilsregister - Gesetzesregister

Um Streitigkeiten zu vermeiden oder mit dem nötigen rechtlichen Hintergrundwissen zu lösen, ist die Beachtung von vielen ergangenen Urteilen wichtig. Der Baurechtsberater Architekten gibt einen umfangreichen Überblick über wesentliche Rechtsgrundsätze aus dem Bereich des privaten Baurechts und macht die Urteile durch einfache Fallbeispiele leicht verständlich und anwendbar.

Die Kennzeichnung der für den Architekten positiven und negativen Entscheidungen durch (+) und (-) Symbole in der Kopfzeile macht ein Einordnen des Falls möglich. Der Zugang kann je nach Erfordernis über das Indexverzeichnis, Urteilsregister, Gesetzesregister oder aufgelistete Fragestellungen erfolgen.

Abraham-Lincoln-Str. 46,
Postfach 1547,
65005 Wiesbaden
Fax: (06 11) 78 78-4 00,
http://www.vieweg.de

Änderungen vorbehalten. Stand August 1998.
Erhältlich im Buchhandel oder beim Verlag.

MIX
Papier aus verantwortungsvollen Quellen
Paper from responsible sources
FSC® C105338

If you have any concerns about our products,
you can contact us on
ProductSafety@springernature.com

In case Publisher is established outside the EU,
the EU authorized representative is:
**Springer Nature Customer Service Center GmbH
Europaplatz 3, 69115 Heidelberg, Germany**

Printed by Libri Plureos GmbH
in Hamburg, Germany